包装设计

教程

Packing Design Course

刘秀伟 著

U0217305

化学工业出版社

·北京·

内容简介

本书遵循教学设计中循序渐进的方式，从了解包装设计，熟知包装历史，理解包装设计分类，掌握包装视觉设计语言的准确表达，最后到把这一切承载出来的包装结构，精准地折叠和开启，不只是商品包装的开启，也是包装设计师和从业人员事业的开启。

图书在版编目（CIP）数据

包装设计教程/刘秀伟著. —北京：化学工业出版社，2020.7（2022.8重印）

ISBN 978-7-122-33170-0

Ⅰ.①包…　Ⅱ.①刘…　Ⅲ.①包装设计-教材

Ⅳ.①TB482

中国版本图书馆CIP数据核字（2018）第236241号

责任编辑：李彦玲　　　　　　　　　　文字编辑：吴江玲
责任校对：刘曦阳　　　　　　　　　　装帧设计：史利平

出版发行：化学工业出版社（北京市东城区青年湖南街13号　邮政编码100011）
印　　装：北京瑞禾彩色印刷有限公司
787mm×1092mm　1/16　印张7¾　字数171千字　2022年8月北京第1版第2次印刷

购书咨询：010-64518888　　　　　　　售后服务：010-64518899
网　　址：http://www.cip.com.cn
凡购买本书，如有缺损质量问题，本社销售中心负责调换。

定　　价：49.80元

写在前面的话

　　八年的包装设计从业经历，二十五年包装设计课程的教学经验，著者在这其中有很多的感受和认识。我们常常感慨，设计是"戴着镣铐跳舞"，捋顺一下思路，会发现在所有的视觉设计中，包装设计的"镣铐"最为"沉重"。把产品变成商品？符合制造者经济、促销、抢占市场份额的目的？契合大众购买心理？包装设计不只是需要设计美学，不只是需要市场学，更需要消费心理学和环境友好的绿色设计理念。让一个产品改变人们的生活习惯，包装设计是最大的"功臣"。材料、结构、造型、文字、色彩、图形等包装设计要素使其以"屹立"的姿态讲述着与商品有关的"故事"。而我们包装设计师就是助力制造者和商家攀爬的阶梯，连接消费者与商家的藤蔓。给产品"穿上"与身份、气质、内涵相匹配的漂亮衣装，让它们鹤立鸡群地出现在货架上是每一个包装设计师毕生的追求。跟着笔者，放平心态，探索包装设计的世界。本书结合多年教学经验以及带领学生参加学科竞赛获奖的作品，将实践带入教学中，旨在提高学生的自主学习的积极性和竞争意识。

　　由于笔者水平有限，书中难免有疏漏和不妥之处，敬请广大读者批评指正。

刘秀伟

2021年5月

目录 CONTENTS

CONTENTS 目录

第一章 | 走进包装世界

包装设计是门综合性很强的艺术，它是把现代科学技术与艺术设计相互结合、渗透、运用的一种创造性活动。随着现代社会经济的不断发展、生活水平和审美能力的提高，人们对商品的要求体现出了多样化的特点，对商品包装要求也越来越高。现代企业也借助商品包装来树立自己的品牌形象，提高产品的附加价值。包装设计已经涉及整个社会的方方面面，绚丽多姿的包装已是人们生活和经济活动不可缺少的组成部分，并且成为反映一个国家、民族和地区的经济文化发展水平不可忽略的重要标志（图1-1）。

包装设计已由保护和使用功能上升到"商品推销战略"新阶段。

即商品属性 ⟶ 包装装潢特征 ⟶ 社会效应及最佳生命力。

图1-1/2019年Pentawards大奖赛铂金奖/RICEMAN大米包装设计/Backbon品牌工作室/亚美尼亚

设计团队　品牌策略总监：斯蒂芬·阿瓦涅斯扬（Stepan Avanesyan）

　　　　　创意总监：斯蒂芬·阿扎里扬（Stepan Azaryan）

　　　　　项目经理：梅里·萨格森（Meri Sargsyan）

　　　　　设 计 师：斯蒂芬·阿扎里扬（Stepan Azaryan），伊丽莎·马尔卡辛（Eliza Malkhasyan）

　　　　　造型设计：阿梅努希·阿瓦吉扬（Armenuhi Avagyan）

　　　　　插图画家：玛丽埃塔·阿祖曼扬（Marieta Arzumanyan），埃琳娜·巴塞格扬（Elina Barseghyan）

设计洞察　大米作为世界上最古老的谷物之一，也是世界上消耗量最多的食材之一，数千年来一直是我们饮食中的主要农产品。现在人们已经非常习惯于在日常生活中食用这种农产品，但是人们往往会忘记，这种谷物从播种到收获以及出现在饭桌上的过程是一个特别复杂有趣的过程。因此，当本地一个小型分销商与Backbon品牌工作室联系，要求为两种类型的大米（主要客户是保健食品商店）创建品牌标志和包装时，设计师们用有趣的创作形式，讲述谷物生产背后的故事，向在稻田里的辛勤工作的农民致敬。

解决方案　包装设计需要传达情感和人性化的信息，但同时也要注重营销。从视觉上讲，容器造型设计应简单明了，完美地表现出这种简单而熟悉的谷物，同时提醒人们关注稻米播种、收获过程中的农民。造型语言上使用最少的黑色线条，以简单的毛笔笔触方式捕获稻农的面部表情，描绘他们种植过程中的各种情感状态。图形从自信与自豪到满足和疲倦，很像当下互联网上的"表情包"。从商品的角度来看，当这些商品并排摆放在货架上时，它们涵盖了各种各样的人类情感语言，就好像这些农民正在彼此之间进行一场富有表现力的对话场景。

最终效果　斗笠帽子麻布的农民造型包装有如下特点。在功能方面，设计师选择了两种不同大小的袋子，表明两种包装"包裹"的稻米类型各不相同：小袋子盛装短粒米，大袋子盛装长粒米。至于材料，采用了高密度的麻布来盛装大米，以及亚洲农民传统的圆锥形帽子形式的纸盒盖子，从而实现了可持续发展和环境友好的绿色设计理念。为了方便消费者使用，设计师在锥形斗笠帽的内侧标记了测量米量的尺度。为了让人们再次记住稻米背后的那份辛劳，致敬农民的付出，设计师选择了RICEMAN这个品牌名称，给予了品牌对未来发展的期望。至于视觉图形和文字风格，设计工作室聘请当地书法家和艺术家，用中国书法作为标志符号，以强调这种谷物的起源地。

一、关于包装设计

包装设计是"包裹"商品的整体设计。但是，大多数人会以为包装设计只是商品的外包装，是一种平面语言的设计形式。那么，包装设计就单单是商品外面的包装装潢设计吗？看看市场上琳琅满目的包装，很显然它不仅包含商品外表的装潢，还有商品内部结构设计等。下面我们来分析一下包装设计和包装装潢设计、产品设计究竟有哪些不同之处，针对这两个问题的研究，有助于帮助我们给包装设计下一个准确的定义。

1.包装设计与包装装潢设计

两者涵盖的内容不同。

① 包装设计：形态、型体、结构、防护技术、包裹工艺、色彩、商标、功能、成本、生产流程等内容的设计。（整体设计）

② 包装装潢设计：仅涉及包装设计中的商标、色彩、型体、形态等范畴，与功能、材料、结构、防护技术、包裹工艺、成本、生产流程等范畴没有直接联系。（设计的一部分）

2.包装设计与产品设计

（1）产品设计

产品设计又称工业造型设计。是综合了大批量生产的产品的功能和构造的"造型"计划，包括产品的性能、结构、规格、型式、材质、内在和外观质量、寿命、可靠性、使用条件、应达到的技术经济指标等。是用造型精神及审美观点实现所需要的"造型"，着眼于精神方面的功能。

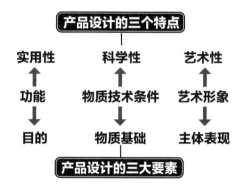

（2）包装设计与产品设计的差别

① 包装设计受商品型体（被包裹的商品外形）与包装品型体（包装品外形）的双重制约。产品设计只受产品功能制约，型体直接为功能服务，不受包装品的制约。

② 产品设计是对产品的型体加以艺术化，它的设计效果将与产品长期共存（图1-2）。包装设计的效果只与包装品长期共存，而不与被包裹的商品长期共存。

③ 包装品是附属于被包裹的商品（产品）的，因此在设计的过程中必须尽量降低生产成本，或争取提高回收率。这是产品设计所不具备的特殊要求。

图1-2

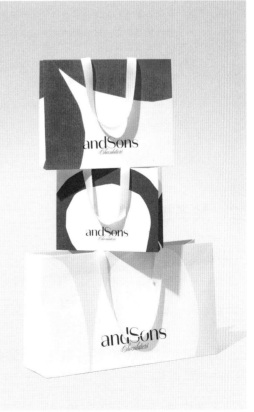

图1-2/2019年D&AD大奖赛入围奖/andSons巧克力包装设计/Base设计工作室/美国

设计团队　创意伙伴：刘敏（Min Lew）

　　　　　设计总监：阿诺·鲍丁（Arno Baudin）

　　　　　设 计 师：加布里埃拉·卡纳布奇（Gabriela Carnabuci），吉娜·辛（Gina Shin）

　　　　　摄 影 师：本·阿尔索普（Ben Alsop）

　　　　　运营总监：杰克·波斯特（Jake Post）

设计洞察　andSons是瑞士第二代巧克力零售商，由马克（Marc）、菲尔·科维兹（Phil Covitz）兄弟和意大利佛罗伦萨十大糕点师之首的克里斯·哈维（Kriss Harvey）怀揣着对巧克力的热爱创立而成。该商店前身是1983年两兄弟的母亲在比佛利山庄（Beverly Hills）开设的瑞士苏黎世特舒亚（Teuscher）巧克力专卖店，它将精美的工匠巧克力带到了洛杉矶。他们从母亲那里学到了所有关于巧克力的知识，并致力于改变手工巧克力格局，弥合新旧巧克力之间的差距。在欧洲传统与洛杉矶创造力之间激发灵感，为手工巧克力提供新视角。andSons生产的巧克力数量有限。所有巧克力均是使用古老技术在现代化的厨房中制作出来的。有些食谱需要15步或者更多步骤制成，主厨克里斯携其团队手工精心制作每一件作品。他们严把质量关，从世界各地的专业供应商和当地农贸市场采购有机天然原料。

解决方案　从产品到包装，andSons都更新了优质巧克力的概念，以重新构建顶级食品类别。基于这一定位，Base设计工作室的任务是创造一个新标志以及一系列高端、可收藏的包装。其核心关键词是创新精神，以反映该品牌的内在张力——传统与创新、精致与极致、奢华与惊喜，同时也充满了娱乐性，足以吸引人们的眼球。俏皮而优雅的标志系统体现了品牌的愿景：精美巧克力的新视角。设计师们在开发andSons品牌名称时，延续了36年前家族起源定下的基调，同时也致敬传统，并通过构造徽标，以视觉方式开发了一种现代无衬线字体，具有强烈的笔触对比效果（达到印刷要求），高于手绘字体的雅致度，具有广泛的沟通性和识别性，是大胆的多色包装设计基础。

最终效果　自有零售场所，而不是在百货商店中陈列，为设计提供充足的实验空间，创建独特的视觉语言符号。包装不需要专门或者单独讲故事，只需传达以产品为中心的信息。设计师们将图形与特定品种绑定在一起，也不需要通过包装展示商品，从而使其脱离了某些行业惯例。明亮欢快的色调和独特且令人惊叹的形式语言捕捉了这座城市的精神，告诉世界谁才是传统的欧洲巧克力制作中心。有机形状与棕榈叶的完美平衡，使现代结构和艺术语言融为一体，整齐切割的边缘给人一种工艺感。设计的亮点是使用对比色或者补色，创造出强烈的对比效果，很好地契合了品牌的双重性。大胆的形式和用色将意想不到的风味组合和创造力完美地结合在一起，例如白巧克力和新鲜柠檬、马鞭草，以及黑牛奶巧克力和柚子、酸橙。此外，结构设计提供了较大的设计区域，可以在上面绘制醒目的图形、图案。每个盒子都有一个不同的定制样式。所有盒子都从中心打开，当受众向左右拉开时，盒子会慢慢打开，就像打开珠宝盒一样，露出一颗珍贵的钻石。andSons品牌整体设计以令人惊喜的方式展示出巧克力甜品的美味。

二、关于包装定义

1.包装

整个包装容器和辅料——包装——具体的包裹过程

　　　　　　　↓　　　　　　　　　　　↓

　　　　　　名词　　　　　　　　　动词

　　① 包装是为了流通过程中保护产品，方便储运，促进销售，按一定技术方法而采用的容器、材料及辅助物等的总体名称。

　　② 包装，商品的容器和包扎物。它具有保护产品质量和便于流通的基本功能，是商品的主要组成部分。

③ 为便于运输、储存和销售而对产品进行处理的艺术和技术。

以上三种观点只对包装作了内涵与外延的限定。

2.不同国家的包装定义

关于包装定义，具有历史性和阶段性，是一个随着社会经济技术发展而不断延伸的动态概念。人们过去认为包装的基本含义就是盛装货物的容器和对物品进行包裹捆扎的操作过程。后来又赋予便于运输、便于保管的内容。而今，人们对包装的认识更加充分，用系统论观点来解释包装，把包装的目的、要求、构成要素、功能、作用以及实际操作等基本因素关联在一起，并增加了销售手段的内容来定义包装的内涵，形成了一个完整的包装概念。目前比较有影响的包装定义有以下几种。

（1）美国的包装定义

美国《包装用语集》：包装是符合产品的需求，以最佳成本，便于商品运输、流通、交易、储存、销售而实施的统筹整体系统所做的准备工作。

美国包装协会：包装是使用适当的材料、容器，而施于技术，使其能将产品安全运达目的地——即在产品输送过程中的每一阶段，不论遭到怎样的外来影响，皆能保护其内装物，而不影响产品价值。

美国密歇根州立大学包装学院：包装就是对产品或已装入袋、箱、杯、盘、罐、管、瓶或其他形式容器中的一次包装件的封闭。包装完成下面的一个或多个基本功能：包容性、保护性、宣传性和适用性。

（2）英国的包装定义

英国《包装用语》：包装是为货物的运输和销售所做的艺术、科学和技术上的准备工作。

英国《食品包装手册》：包装是为运输、物流、仓储、零售和最终使用准备货物的联合系统；包装是一种在合理的条件下以最低的成本保证货物最终安全有效地送到消费者手中的工具；包装是一种技术经济的作用，其目标是使运输成本极小化、销售和利润极大化（这个定义在技术方面强调得较少，主要是强调经济和市场的作用）。

（3）日本的包装定义

《日本包装用语词典》：包装是使用适当的材料、容器，而施以技术，使产品安全到达目的地，在产品运输和保管过程中能保护其内部及维护产品的价值（这个定义基本上使用了美国包装协会的定义）。

日本包装技术协会：包装是指在物品的运输、保管交易或使用当中，能维护商品价值、保持商品原有状态，将适合的材料、容器等用于保护物品所实施的技术及实施的状态。

（4）加拿大的包装定义

加拿大包装协会：包装是将产品由供应者送到顾客或消费者手中，从而保持产品处于完好状态的手段。

加拿大莫哈克学院(Mohawk College)包装专业资深教授沃尔特·索罗卡（Walter Soroka）：包装最好被描述为对货物的运输、流通、仓储、销售及其使用等方面做好准备的一种协作系统。它具有复杂、动态、科学、艺术以及争议的商业功能。其最基本的作用是对产品的包容、保护（保藏）、运输和宣传（销售）。

（5）中国的包装定义

中华人民共和国国家标准《包装术语》(GB/T 4122.1—2008)：为在流通过程中保护产品、方便储运、促进销售，按一定技术方法而采用的容器、材料及辅助物等的总体名称。也

指为了达到上述目的而采用容器、材料和辅助物的过程中施加一定技术方法等的操作活动。（这是国内最具权威和影响力的概念）

承装没有进入流通领域物品的用品不能称之为包装，只能称为"包裹""箱子""盒子""容器"等。因为包装除了有包裹承装的功能外，对物品进行修饰、获得受众的青睐才是包装的重要作用。

以上国家或组织、学者对包装的含义有不同的表述和理解，但基本含义是一致的，都是以包装功能和作用为其核心内容。综合上述定义，包装可以理解为：包装是以保护产品、使用产品、促销产品为目的，将科学、社会、艺术、技术、心理等诸要素综合起来的专业设计学科，其内容主要包括容器立体造型设计、组合结构设计和平面设计（图1-3）。

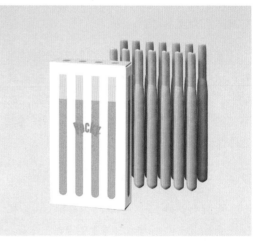

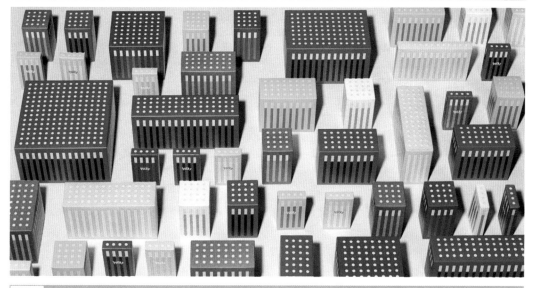

图1-3

图1-3/2020年D&AD大奖赛石墨铅笔奖/百奇的礼物包装设计/电通扬雅株式会社/日本

设计团队　美术指导、创意总监、工艺负责人：八木义博（Yoshihiro Yagi）

　　文　　案：鹤井晴子（Haruko Tsutsui），斯科特·雷曼（Scott Lehman）

　　摄 影 师：片村文仁（Fumihito Katamura）

　　　设 计 师：木村太二（Taiji Kimura），大久保里美（Satomi Okubo），中谷春子（Haruko Nakatani），
　　　　　　　　大冢敏美（Minami Otsuka），松永弘野（Hirono Matsunaga）
　　　客户主管：大中和也（Kazuya Onaka）
　　　创意策划：藤田卓也（Takuya Fujita），杉野良也（Ryoya Sugano），梅梅佳美（Mai Umegae），
　　　　　　　　藤原广太朗（Kotaro Fujiwara），田村晋哉（Shinya Tamura）
　　　架构管理：松井正美（Masamitsu Usui ）

设计洞察　最具有传统形式的"百奇"饼干棒于1966年以巧克特的名字发售，由覆盖巧克力的饼干条构成。几十年来，日本大阪市江崎格力高旗下的百奇棒，一直是日本最畅销的巧克力零食。儿童和青少年之所以喜欢它，是因为它易于与朋友分享。但是，百奇棒面向年轻人的销售量较低，本次包装的创新设计目的是为目标群体提供一种新的方式来分享和享受百奇棒。

解决方案　11月11日在亚洲是众所皆知的"光棍节"，也是许多人期待的疯狂购物节。在日本年轻族群中，也是很知名的"告白日"。这也是源自知名零食品牌百奇，一根根"1111"的造型，聚集在一起反而象征着欢聚与分享，更像是可以带来幸福的魔法棒，祝福勇敢追求爱的人都能在这一天收获甜蜜、感受快乐。百奇节（Pocky Day）即告白日，在这一天，朋友间会互送百奇棒，代表甜蜜的情谊。同时，它也是情人节非常受欢迎的告白的小礼物。百奇看准年底圣诞节到年初情人节的礼物潮，2018年11月11日，推出的迷你限定包装，名为"百奇的礼物Pocky THE GIFT"，超可爱的迷你包装、粉嫩温暖的色调，加上精心挑选的限定口味，无论是用来送礼还是收藏，都令人心花怒放。2019年，百奇的礼物再次回归。

最终效果　新包装由日本电通创意总监八木义博负责视觉设计，其设计概念源于：希望消费者在打开盒子吃到巧克力棒之前，就能感觉到满满的幸福。瘦身的包装简约又好玩，每一盒只有手掌那么大，非常迷你，每盒里面只有14支百奇棒。6种不同色彩的外包装盒，既延续了百奇棒原有的色彩，如红底＋棕色代表巧克力原味，而浅粉红底＋玫红色则是草莓口味，令人第一眼看到就有亲切熟悉感，却又被新包装满满的心意与巧思吸引。同时，也使用各种缤纷的流行色调，让每个人都能挑选到自己最喜欢的颜色。拥有极简线条的包装图案，走童趣感浓厚的2D设计风格，将百奇棒的经典外形简化成平面色块，使整体包装在简约的设计感中又显得俏皮可爱。口味包含：牛奶巧克力、草莓、番薯、抹茶、蜜瓜、葡萄。设计师们给每种口味的命名十分精致，都含有可爱的概念。每一盒的侧面，都写着如诗歌般意境的新名。①牛奶巧克力：被爱包覆的黑色（Black covered with love）；②草莓：在白日梦里滚动的野果（Berry rolling in a daydream）；③番薯：漂浮在泳池里的番薯（Sweet potato floating in the pool）；④抹茶：对抗森林的抹茶（Matcha against the forest）；⑤蜜瓜：在寒冷早晨中闪耀的蜜瓜（Melon shines on a frosty morning）；⑥葡萄：午夜的葡萄（Grapes at midnight）。此外，百奇的礼物在包装设计上充满"礼物气氛"，最好体现就是"礼盒"。各种不同大小的礼盒，同样拥有可爱简约的设计，消费者可以依照个人喜好一次购买3盒、6盒、9盒和12盒，甚至27盒，将不同口味的百奇棒装入官方特制礼品盒中。由于该包装时尚、小巧，也适合进行拼接搭配，顾客们可以自行进行创作，如利用几款不同颜色的饼干盒拼出圣诞树、爱心等图形或数字向家人、朋友传达感情和祝福。百奇棒也整理出几个送礼方案：组成一颗爱心至少需要17盒，而大爱心则需要88盒；组成麋鹿需要90盒；组成圣诞树最少需要10盒，中型圣诞树需要42盒，大型圣诞树需要90盒。电通公司为百奇棒创造的时尚新包装，专门用于高档商店和销售网点，并利用社交媒体来推广新包装的巧克力零食，将其设定为一种时尚的礼品。结果是显著提高了面对年轻人的销售量，开辟了新的销售渠道，并提高了品牌知名度和整体销售量。

三、包装设计任务

　　设计师要想做出好的包装设计作品，首先要了解包装设计的任务是什么，这样才能做到事半功倍。但是许多人对这一问题并不重视，最终导致产品在品牌战略规划上或者市场营销上都处于劣势。人们对包装设计任务的错误认识有许多，下面我们从设计语言和设计范畴两个方面来厘清包装设计任务原则。

1.对设计语言的错误理解

① 包装设计过于花哨绚丽。这是一个非常典型的错误，人们的审美标准会随着社会的发展而发生变化。因此，才会有汉代流传下来的"楚王好细腰，宫中多饿死"。而唐朝是以丰肥浓丽为审美取向。当下的审美潮流，已经从繁复花哨变成典雅、简洁等。所以，包装设计仍然是走花哨、浮华等夸张的风格，很可能会导致产品难以引领市场风潮。

② 包装形态随意改变。显然这也是错误的，包装形态与材料、工艺等技术问题有着密切的联系。如瓶装水包装，将顺应国际潮流"天然"概念，把浑然天成的瓶型改造成象征"地方"的六面皆为方形的瓶型，不仅会造成工厂生产效率低下、增加成本，还会使瓶内剩下一些无法顺利流淌出来的水。

③ 包装设计和包装制造没有关联。这是年轻设计师最易犯的错误。包装设计只是策划师和设计师共同努力的结果，而一个产品要落地必须要将设计的图纸交付给包装制作生产商，让它们制作出来。而如果设计偏离了包装制作的一些基础条件，很可能导致产品落不了地，插图设计等都与设计图纸上的差距甚大。所以，包装设计与包装制造是密不可分的一个整体。

2.对设计范畴的错误理解

① 包装设计任务：等同于包装装潢设计。

② 包装设计任务：包括包装造型设计和六面体包装的装潢设计。

③ 包装设计任务：是包装工业中最重要的组成部分，它不是广义的"美术"，而是包含材料、工艺，直到适销的包装最终形式体现。包装设计包括造型设计、结构设计、装潢设计等。

3.包装设计任务

包装设计任务是为了保护所销售的商品，是商品周转运输和投放市场的一门艺术以及一门科学技术。判别包装设计成功与否的标准为：包装设计是否符合生产工艺及销售的要求。

在社会再生产过程中，包装设计处于生产过程的末尾和物流过程的开头，既是生产的终点，又是物流的始点。在现代物流观念形成以前，包装设计一直是生产领域的活动，其设计往往主要从生产终结的要求出发，因而常常不能满足流通的要求。有关物流的研究认为，包装设计作为物流始点的意义比之作为生产终点的意义要大。因此，包装设计应进入物流系统之中，这是现代物流的一个新观念。

由此可见，包装设计是对包装物的整体形成所进行的创造性构思过程。对于包装设计者而言，包装设计任务具有很强的综合性，它要求设计者具备结构造型设计能力，对图形、文字、色彩、编排等视觉造型语言的把握能力，对制作工艺、制版印刷、包装材料、包装生产成型等技术环节要有充分的了解，还需掌握计算机辅助设计的手段。此外，包装设计任务还需要设计者对市场营销、消费心理学、品牌设计推广战略有足够的认识。

四、作业命题

1. 谈谈你对包装设计任务的理解。

2. 简述如何设计一个好的包装。

第二章 | 溯源包装历史

　　包装和人类文明的发展史一样，经历了漫长的演变和发展历程，也是人们自始至终都在研究和探索的课题。在漫长的历史岁月中，人们对包装的认识逐步深化，早期的人类就懂得如何将食物盛装、保存起来，便于携带、存放与交换，这种包装功能是为了满足人类生活最基本的要求，即已经发生了包装的问题。由此可见，包装的支柱就是保护性，如果缺少这层保护性，那就无法构成包装了。从来自自然界的包装、农耕时代手作的包装，到科学技术引领的近现代包装，包装发生着一次又一次重大变革。从包装演变和发展上看，包装设计的发展的全过程可以分为三个发展阶段：包装设计的萌芽时期、包装设计的成长时期和包装设计的发展时期。而每一个发展阶段中包装设计都是一个社会课题，经济、环境、文化、技术、生活都是包装设计者需要思考的方面。尤其是当下，人类在创造和享受现代文明的同时，包装工业和包装废弃物对环境的污染，不仅消耗大量资源，也在步步紧逼我们的生存空间。于是，在可持续发展的呼声下，环境友好的绿色包装设计，已经成为消费者和设计师共同的愿望和目标（图2-1）。

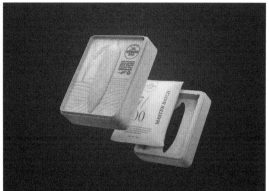

图2-1

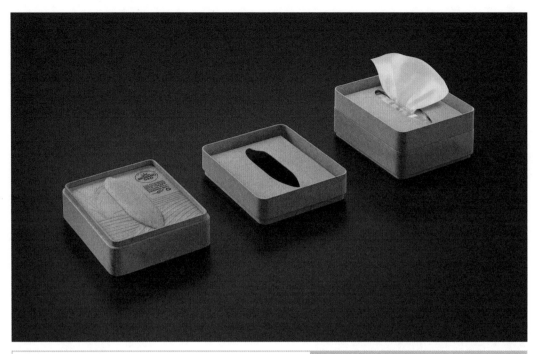

图2-1/2020年Pentawards大奖赛金奖/三生稻包装设计/Prompt Design公司/泰国

设计团队　执行创意总监：索姆查纳·康瓦尼特（Somchana Kangwarnjit）
　　　　　设　　计：罗德沙里茨·阿卡钦（Rutthawitch Akkachairin）
　　　　　修　　饰：潘提帕·普姆曼（Pantipa Pummuang），索姆波恩·托姆卡奥（Somporn Thimkhao），
　　　　　　　　　　蒂亚达·阿卡拉西纳库（Thiyada Akarasinakul）

设计洞察　随着工业革命的到来，用机械作业代替人工作业成为历史趋势，农业生产也不例外。现在，我们日常生活中消费的大米，从种植、收割到碾米都是通过机器大规模生产出来的，实现了水稻种植全程机械化。许多人很想知道这种达到高产、稳产目的的生产过程是否真的足够好。为此，泰国敏捷设计（Prompt Design）公司的设计师们进行了深入的实验研究，以证实没有使用任何机械的传统水稻种植过程可以生产出品质更好的稻米。在泰国，这种古老的水稻耕作包括：水牛耕地犁田、育苗和移栽、手工播种、手工收割、手工脱粒和脱壳。实验结果表明，传统农业生产的茉莉香米具有较高的营养价值。

解决方案　泰国茉莉香米主要生长于泰国东北部，特别是童库拉融海（Thung Kula Ronghai）地区，种植的土壤为沙黏土，矿物质含量丰富，全年日温差较小，阳光照射充裕，独特的气候条件培育出的高品质香稻享誉全球。在受控的环境中，每年的大米产量有限。因此，从源头上保证了香米的品质，2013年3月，童库拉融海茉莉香米获得欧盟的地理标志认证。绿色有机香米，无施加化学有害物，完全采用自然农耕种植，这就是为了保护环境而诞生的三生稻品牌的起源。此外，该品牌将"健康食品健康生活"理念引入市场，是为了抓住新的消费趋势，进入新的发展阶段。特别是健康、无毒和环保食品的消费趋势，是新兴消费群体对高营养价值有机香米需求的驱动力。

最终效果　此次三生稻品牌的新包装设计，是由泰国本土的敏捷设计公司承担，新包装与传统印象中的香米包装不同，设计团队为了在包装上体现三生稻有机香米自然农耕种植这一理念，选择用"稻谷壳（稻米脱壳过程中产生的自然废弃物）"来做包装设计材料，将稻谷壳粉碎后再压模成型，制作成品牌的外包装。盒盖顶部以简单的线条和稻田、稻穗的图案加以点缀，并用中部凸起的米粒浮雕丰富插画内容，右上角印有品牌标志以及产地的烫花。包装上的文字信息也清楚地告诉消费者，这是一个用可再生资源制作的包装，与它的有机生产过程一样。当包装放置在货架上，既让人一目了然，知道它是香米，又带给消费者朴素的自然印象。内包装是装满香米的袋子，以简约白为主色调，以传统帆布材质作为盛装大米的袋子，并在上面印有批号和其他必要的文字信息。外包装底部的香米外形镂空天窗是设计师索姆查纳·康瓦尼特脑洞大开的创意。他将这款包装的环保价值发挥到极致，取出香米内包装袋后，外包装盒可作为一个精美的纸巾盒，不仅美观、实用，还传递资源循环再利用的概念。在全球环境污染越来越严重、自然资源加剧减少的当下，这样的设计无疑是最环保、最实用的设计之一。在谷糠色的基调映衬下，独特肌理设计显得包装更有格调，能够吸引消费者的注意力，而模具成型的外包装既是交谈的媒介，又是消费者可以自豪地摆放在自家柜橱上让客人欣赏的物件。

一、包装设计的萌芽时期

人类初期盛装和保护物品的包装其实并不算真正意义上的包装，因为他们直接采用树叶、贝壳、竹筒、葫芦等大自然材料来包装物品。这些取之于自然、应用于生活的包装几乎没有任何技术加工。后来人类为了生存和发展，通过采集植物、捕鱼、狩猎等一系列行为活动，了解世界，学习世界，模仿世界，学会了单纯的创造。例如，利用自然材料编织、制作器物保护、储存食物。但是由于当时的人们对于生产技能的掌握程度极低，所有的包装都是源于自然的粗加工，人们的包装意识还没有成型，我们把这一时期的包装称为原始社会包装的萌芽。但是这些包装真正做到了现代包装设计所要求的美观、健康、环保的理念，有很多先民的发明一直延续到今天。

1.来自自然的包装

大自然是人类最好的老师，不但给予了人们美的感受，也是激发人们奋发向上的力量。自然界中存在形形色色的包装形态，体现了自然创造的无限力量。当人们惊叹着无数巧妙杰作的同时，也从这些大自然生物的组织、构造甚至形状中受到启发。例如动物的包装——蛋、贝壳、蜗牛壳和蜂巢等，植物的包装——豌豆荚、橘子、石榴和核桃等。

（1）蛋

蛋（图2-2）是卵生动物产下的带有硬壳的卵，是公认的最美的自然造型之一。

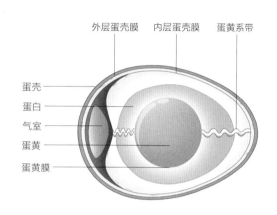

图2-2/造型简洁的独立包装

蛋壳：钙质构成的外壳（外包装），具有良好的防护性，壳表面密布微孔，新鲜的氧分子通过微孔进入蛋壳内，蛋内的二氧化碳分子也能跑出壳外，很像动物的一呼一吸。

蛋壳膜：包裹在蛋白之外的纤维质膜，由坚韧的角蛋白构成的有机纤维网（内包装）。蛋壳膜分为两层：外壳膜较厚，紧贴着蛋壳，作用是避免蛋内容物水分蒸发；内壳膜附着在外壳膜的内层，空气能自由通过此膜。若蛋壳破损，两层护膜可以接替保护蛋黄的任务。此外，用蛋壳膜粉与水性可塑剂、甘油、丙烯醇(PG)等按适当工艺混合，可制成蛋壳膜蛋白——可降解塑料。

蛋白：蛋白是壳下皮内半流动的胶状物质，其流动性具有缓冲功能（包装填充物）。而蛋煮熟后，蛋白被水解，交联凝固，形成网状结构，变成白色，具有微小的弹性，依然能起到缓冲保护作用。

蛋黄：居于蛋白的中央（包装保护的商品），由系带（蛋黄左右的两条白色索状物）悬于两极。蛋黄表面有层叫蛋黄膜的薄膜，即细胞膜，是蛋的内部结构中最内层的保护结构。

造型：完整的蛋壳呈椭圆形，具有力学中最
小体积与最大抗力的造型（包装形态）。而一头
大、一头小的椭圆形有利于产下蛋。蛋在大头的
那端有个气室（蛋产出之后才出现），功能是氧气
交换以利于呼吸作用。若蛋内水分遗失，气室会
不断地增大，是判定蛋是否新鲜的标准之一。

（2）贝壳、蜗牛壳

"壳"是贝类动物的重要特征与构造，是软
体动物机体的一部分，也是机体的一种外包装；
不但具有良好的保护功能，而且极富造型个性
变化。

贝壳是生活在水边软体动物的外套壳，是
保护身体柔软部分的钙化物，具有韧性好、强度
高等优良特性。一般可分为三层：最外层为角质
层（壳皮），薄而透明，有防止碳酸侵蚀的作用；
中间层为较厚的棱柱层（壳层），主要为贝壳提
供硬度和耐溶蚀性；内层为珍珠层（底层），主
要为贝壳提供硬度和韧性，具有美丽光泽，可随
身体增长而加厚（图2-3）。

图2-3/个性化的独立包装（一）

蜗牛是在陆地上生活的螺类软体动物，其
最大特点是背上有大大的低圆锥形的外壳，这种
外壳不仅可以为它提供庇护所，而且还可以在
遇到天敌时充当防御武器。外壳圆、薄，主要成
分是钙。蜗牛几乎分布在全世界各地，不同种类
的蜗牛体形大小、构造与颜色各异，有鲜艳色彩
的是保护色，和生活环境颜色一样的也是保护色
（图2-4）。

图2-4/个性化的独立包装（二）

（3）豌豆荚

豌豆，豆科植物。意大利造型设计师布鲁
诺·马拉里（Bruno Munari）以豌豆荚为造物
的原型作出了经典分析，用自然界的包装为包
装设计理念提供了具有代表性的例证。造型：荚
果为长椭圆形，上下闭合（天扣地式包装），内
有坚纸质衬皮；全株为绿色，外面有一层粉霜覆
盖。豌豆：圆形，青绿色，干后变为黄色（包装保
护的商品），它被豌豆荚科学合理地包裹起来。
实验：将豌豆荚从中间切开，我们会看到几个相
同大小的片剂，每个片剂都有一个吸盘将它固定
在豌豆荚上，内部的空气调节带起到缓冲作用。
豌豆荚是一种组合式适形包装（图2-5）。

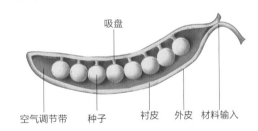

吸盘

空气调节带　种子　　衬皮　外皮　材料输入

图2-5/组合式适形包装

（4）橘子

橘子，芸香科柑橘属植物。造型、色彩：造
型简洁的圆球形，体量适中（外包装形态）；薄
薄的油膜包着水分储存于排列有序的微型气室
中，使柔软而富有弹性的表皮具有调节呼吸、防
止水分蒸发和外界污染的保护功能；太阳般的
橙红色，不仅传递橘子成熟的信息，还恰如其分
地表现出内部色泽（内外包装色彩统一），起到

吸引注意力和促进食欲的作用，如同包装的装潢色彩部分，具有识别和推介功能。橘瓣：也称囊瓣，半圆形，一般7~14瓣（个包装）。种子：卵形，顶部狭尖，基部浑圆，包裹在橘瓣中被固定和保护起来（包装保护的商品）。橘络：橘皮内层白色海绵状筋络和橘瓣外表白色网状筋络（包装填充物），能保护易损的橘瓣；橘皮内层筋络，起到保温作用，具有防震和缓冲的功能（包装功能）；橘瓣外表筋络，缠绕在每个橘瓣上起固定与间隔作用，使中心柱大而空（包装隔板）。结论：橘子从外形到色彩，从结构到材料，它的每一个细节都完美地体现了包装的"保护、储运、容纳、传达和便利"的功能，是一种球状的缓冲包装（图2-6）。

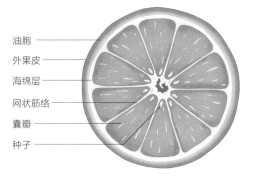

油胞
外果皮
海绵层
网状筋络
囊瓣
种子

图2-6/球状缓冲包装

2.温暖的手作包装

艺术的发展，是由人类的手、物质、概念这三点构成的。包装设计也是如此。众所周知，随着认知能力的提升、造物经验的丰富及造物技能的日渐成熟，人类的包装造物活动开始取法自然。由最初简单地利用自然之物，到人工形态的设计、制作，其形态造型经历了由仿生造型到人性化设计的演变。这一时期手作的带有温度的包装体现了东方传统美学观念的三大取向：无饰——取天然为自然之美；饰而不夺天然——为文质彬彬的和谐之美；天然美借艺术美而名扬天下。

（1）取自于自然

远古先民在长期的群居生活和辛勤劳作中，学会利用自然界中植物的叶子包裹食品，例如树叶、竹叶、荷叶、芭蕉叶等。这些表面洁净光滑、经自然风干或烫水浸渍后韧性增强的材料，因其展开面积较大，能够把食品很好地保护起来。尤其是现今还在流行的荷叶饭、粽子的包装，一片或者两片，取自于自然的箬叶、芦苇叶或者荷叶，折成斗状，填进糯米绿豆瓣，把馅料夹在糯米中间，上面盖好糯米，包成三角形（最常见的造型），然后用龙须草捆扎（图2-7）。这

图2-7/粽子的包裹过程

种包裹、捆扎的过程很像我们今天用包装纸、丝带包裹礼物。

（2）编织的艺术

人类的进步，从编织开始。随着劳动技能的提高，先民用草编织出很多东西，后来又用植物纤维等制作最原始的篮、筐等。殷墟甲骨文中有不少表示容器的文字，其中"蒉（音：同愧，Kui）"就是用草或柳条编的筐。

例如，竹编包装，人类在世代劳动生活中与竹木结成了不解之缘，以竹篓作为包装器具至今为人们所沿用；篓是由韧性很强且结实的竹条简洁编织而成，上面无多余的琐碎细节，有自然材料特有的质朴美感，而且细竹条的间隙通透、自然，各类食品放入其中不易变质（图2-8）。

（3）彩陶文化

彩陶是土火文明的诠释，是古代包装史上的巨大进步。考古发现距今约170万年的元谋人已经能够制作工具，使用火烧熟食物。新石器时代原始先民发明了烧陶技术，距今五六千年前的半坡人开始制作彩陶，它是最古老、最精美的人造包装容器，陶器上的纹饰也是最早的彩绘。在器型方面，简洁流畅的器型基本上都是日常生活用品，常见的有盆、瓶、罐、瓮、釜、鼎等；在纹饰方面，从仰韶文化半坡类型的写实纹饰，到庙底沟类型的定点连线漩涡纹，都暗合了天地自然的节奏与韵律之美，向人们传递着原始陶艺工匠们手作的温暖。

在这里一定要讲的是小口尖底瓶，小口、细颈、深腹、尖底，尤以尖底为典型特征（图2-9）。它作为古代的"高科技"陶器登上中学历史课本，沿袭了考古界、学术界多年来流行理解和认识，称其为汲水瓶。但是如今已经证实绝大多数的小口尖底瓶并不具备自动汲水的功能。尽管对于先人到底是受何启发创造出这种器型，今天已不得而知，但小口尖底瓶的发明，终究是体现了远古人类在制造包装容器方面所具有的非凡的创造才能。新石器时代的陶器是人工包装材料的巨大进步。

图2-8/手工编织的竹篓

图2-9/小口尖底瓶与展开图

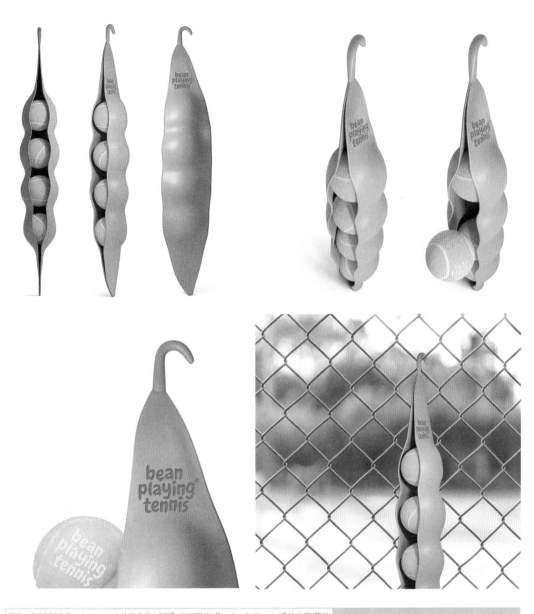

图2-10/2020年Pentawards大奖赛金奖/"豆"来打网球/ Bowler & Kimchi设计公司/荷兰

设计团队　设计指导：凯安妮·布克曼（Kyanne Bückmann），凯文·戴维斯（Kevin Davis）

设计洞察　早期的网球运动雏形起源于12世纪的法国，在当时是一种"掌中游戏"；近代网球运动诞生在19世纪
　　　　　的英国；普及和形成的高潮在美国；目前已经成为世界第二大球类运动。网球运动是一项深受人们喜
　　　　　爱、富有乐趣的体育活动，是一项老少皆宜的有氧运动，可以最大限度地使希望锻炼身体的人得到不同
　　　　　层面的满足。它既是一种自我娱乐和增进健康的手段，又是一种艺术追求和享受，同时还是一个观赏性
　　　　　很强的体育竞赛项目。网球和高尔夫球一起享有"贵族运动"之称，打网球，文明、高雅，动作优美，
　　　　　每击出一次好球，打出弦音，使人感觉兴奋异常、愉快无比。青少年学习网球可以锻炼身体协调性、空
　　　　　间感知力和培养耐心。

解决方案　将生活中习以为常的物品注入一些巧思，改变以往的包装设计形态，除了让人耳目一新以外，也会让人
　　　　　会心一笑。印象中体育用品店里面售卖的网球包装一般是以铁桶、塑料桶、真空塑料袋包装为主。而位

于荷兰的礼帽和泡菜（Bowler & Kimchi）设计公司打破了我们固有的视觉印象，推出了一款名为"豆"来打网球（Bean Playing Tennis）的概念包装，将网球收纳袋化身成巨型的豌豆荚造型，里面收纳四颗替换了豌豆的"网球豌豆"，如此有趣的包装设计，也为生活增添了幽默感。这家设计公司专门提供品牌识别、包装设计及摄影服务，并希望以设计为纽带，搭建情感的桥梁。更有趣的是公司名称（半英语半韩语），这与其合伙人分别为英国人及韩国人有关；对于他们而言，结合英国的圆顶礼帽（Bowler）与韩国经典美食泡菜（Kimchi）的名称，呼应了这支混合团队的起源，不仅是对外展示自己的特点，其实也代表着与同事以及客户一起合作，追求新颖且独特的价值。

最终效果 "豆"来打网球，都来打网球的谐音。探究其创作理念，设计灵感是从自然界豌豆荚造型衍生出来的概念包装。通体绿色的豌豆荚，巧妙结合"豌豆"也是网球的嫩绿色，有助于展示和销售更多的网球。这个颇具趣味性、另类的网球概念包装设计，目的是鼓励更多小朋友外出打网球，且能从中获得乐趣。豆荚采用亚光表面的半硬塑胶材料，侧面浮凸的结构造型不仅将网球固定在包装里面，也可以上下移动球；而弹性材质的侧面开口，一眼就看到网球，并且方便使用者从豆荚前方轻松将网球取出；此外，包装还设置了从豆荚顶部延伸出来的蒂头形状的小挂钩，作为豆荚有机形态的自然延伸。该挂钩可以将整个网球收纳袋挂在商店或网球场的围栏网上，十分方便（图2-10）。

二、包装设计的成长时期

在奴隶制和封建制的社会条件下，包装设计的材质从天然植物、草木到人工的金属、纸张，可谓包罗万象。包装器物的造型更是登峰造极，陶器、瓷器和青铜器艺术都达到了世界的顶峰。如果加上原始社会的彩陶文化，可以说"陶质包装""青铜器包装"和"纸包装"是古代包装发展的三次重大飞跃，这一时期的包装设计处于成长时期。

1.金属包装

金属冶炼技术在人类文明的发展中有着不可替代的作用。金属器物在生活中的广泛使用，是奴隶社会和封建社会生产力发展的主要标志。在发展金属冶炼技术上，中国古人走在了世界的前列。

（1）青铜文化

商周时期，商部落以善于交换出名，周武王灭商后，商朝遗民为了维持生计，出现了专门从事物品交易活动的人。周人称他们为"商人"，称他们的职业为"商业"，出售的生产物叫"商品"，这种叫法一直延续到今天。

这个时期，金属冶炼技术的产生，促进了组合陶范铸造工艺，青铜器有了很多复杂的器型。例如，食器中的鼎、鬲、甗、簋、簠、盨、豆、敦等；酒器中的爵、觚、斝、觯、觥、角、樽、卣、盉、彝、勺等；水器中的罍、卣、盘、匜、瓿、盂、鉴等。特别是酒器中的兽面觚爵套装（图2-11），《考工记》中有"献以爵而酬以觚，一献而三酬"的记载。意思就是：用"爵"来敬酒，用"觚"来回敬。而敞口、细腰、长身、圈足的觚因其造型纤美典雅一直沿用到清代。我国的夏、商、周（公元前21世纪前期至公元前256年）三代，创造了灿烂的青铜文化。

图2-11/觚爵套装

（2）金银器

周代灭亡之后，我国进入铁器时代；战国中期炼钢和淬火工艺有所发展；南北朝时出现灌钢法。金银制品在商代已经出现，金银器皿出现较晚，具有使用价值的金银器皿在唐以后才大量出现；明代金银器的生产工艺更加精湛；而清代金银器工艺得到空前发展，皇家使用金银器更是遍及日常生活的各个方面。我国古代金银器不仅类型多样，范围广泛，而且工艺复杂精细，科技价值含量很高。例如，清乾隆年间的金银琉璃珐琅花觚，喇叭侈口，高身，鼓腹，足外撇，觚身以腹为界，绘有三层纹式，嵌珐琅制成的仰覆蕉叶纹，腹身外鼓，嵌入饕餮纹，面目狰狞。这一时期，觚由商周时期的饮酒用器，改为花插，故又称花觚。觚身鎏金肥厚纯正，富丽华美，上嵌珐琅料纯质细，整体制作精良，为宫中陈设器之上品（图2-12）。

图2-12/金银琉璃珐琅花觚

2.漆器

漆器，用生漆涂在各种器物的表面上所制成的日常器具及工艺品、美术品等，一般红底饰以黑纹，黑底饰以红纹，用流畅的云气纹在器物表面构成一个绮丽的彩色世界。汉代是漆器

的鼎盛时期，器物种类和品目甚多。例如，饮食器皿中的鼎、壶、钫、樽、盂、卮、杯、盘等；化妆用具中的奁、盒等；家具中的几、案、屏风等。但主要是以饮食器皿为主的容器。唐代漆器达到了空前的水平，镂刻錾凿等各种工艺与漆工艺相结合，展现唐文化的神韵。清代漆器制作精美，装饰华丽，体现了"康乾盛世"的气魄和时代特点。例如，清中期剔红朱雀纹方觚，方形敞口，细长身，腹部短小略鼓，底部外撇，整体器型修长挺拔，俊朗隽秀，继承了商周青铜器的经典形制，古朴典雅。器体表面遍布新创的剔红工艺，以犀利的运刀勾勒出繁复精美的图案：颈部刻画蕉叶纹，象征事业兴旺，每片蕉叶中填满卷草纹，体现自然之韵，叶与叶之间的空隙处点缀龙凤纹饰，彰显吉祥大贵。觚腹四面均装饰有朱雀纹，身形轻灵，羽翼华美。该器物将千年文化完美融合于一身，散发出独有艺术气质（图2-13）。

图2-13/剔红朱雀纹方觚

3.纸包装

纸，自它诞生时就带着环保的理念。公元105年东汉蔡伦（61—121）总结前人的造纸经验革新造纸工艺，改进了造纸术，终于制成了"蔡侯纸"，其制造技术被列为我国古代"四大发明"之一。改进后的纸价格十分低廉，纸类包装材料才被广泛使用，用以包裹各种日用物品、

食品、医药等。此后历代，以纸和纸板为基材的纸包装，成为最普遍和最重要的包装材料。它具有低成本、节省资源、环保、无污染、便于回收、再生利用等优点。唐代陆羽的《茶经》中就有关于纸袋的相关记载："纸囊，以剡藤纸白厚者夹缝之。以贮所炙茶，使不泄其香也。"1964年，新疆吐鲁番市阿斯塔那30号墓，出土一个唐代用白麻纸包裹葳蕤丸（葳蕤丸）的包装纸，纸高29.3cm，宽17.5cm。这层包装纸是药物服用指南"葳蕤丸服方"，和现在的药品说明书类似。该包装纸上有墨书三行：葳蕤丸，每空腹服十五丸；食后服廿五丸。依忌法（图2-14）。由此可见，唐代就已经具备了产生商品的包装纸的条件。

图2-14/葳蕤丸包装纸

4.瓷器

中国是瓷器的故乡，英文中瓷器（china）与中国（China）同为一词。中国瓷器是从陶器发展演变而来的。远在三千五百多年前的商代中期，已经出现原始瓷器（原始青瓷）；西周时期，原始瓷器工艺有了很大的提高；春秋时期，瓷器质量又有提高；宋代被称之为"瓷的时代"，汝窑、官窑、哥窑、钧窑和定窑并称为宋代五大名窑；青瓷、白瓷、彩瓷是素瓷，最为常见；青花瓷是元代瓷器的代表，被称为彩瓷（彩

绘瓷）；明成化斗彩矗一峰之巅；清三代珐琅彩绝唱一时。瓷器按器型分为瓶、尊、炉、觚、壶、盘、碗、杯、罐、盆、盒、枕、缸、洗等几大类，每一大类又有若干个品种，总体大约有500种，常见器型大约有100种。可以说，发展到明、清两代，瓷文化进入新阶段。"瓷都"景德镇的瓷器，设计制作出许多优秀的造型样式，是我国陶瓷发展史上的高峰。例如，清乾隆年间，官窑珊瑚红地粉彩八吉祥纹花觚，撇口、细颈、圆鼓腹、束腰，覆扣钟形底座，器内与底部为松绿釉，外表以珊瑚红釉为地，绘有八宝、缠枝莲、蕉叶纹，颈部书写着"大清乾隆年制"六字单行红彩篆书款。花觚通体的珊瑚红釉色泽鲜艳夺目，纹饰舒展优美，造型挺拔俊秀。全品绘制精湛，釉彩浓淡相宜，纹饰寓意吉祥，构图疏密有致，图案化的装饰，体现了乾隆时期瓷器繁缛奢华的艺术风格特征（图2-15）。

图2-15/珊瑚红地粉彩八吉祥纹花觚

5.玻璃容器

约公元前3700年前，古埃及人用石英砂等为原料烧制玻璃溶液，用热压法生产出简单的玻璃器皿。玻璃的特点是化学性质稳定，具有极高的垂直抗压强度和透明度，也因其质地坚硬被称之为透明的石头。公元12世纪，出现了商品

玻璃，开始成为包装材料。1688年，一个叫纳夫的人发明了制作大块玻璃的工艺，玻璃逐渐成为我们生活中的普通的物品。1906年，美国制出平板玻璃引上机，各种用途和各种性能的玻璃相继问世。

玻璃包装容器的主要特点是：无害、无味、透明、美观、阻隔性好、不透气、原料丰富普遍、价格低，且可重复使用。如果给玻璃容器配上适当的封盖，实际上具有百分之百的除了光线以外一切因素的绝缘保护作用。从销售观点看，常常考虑到被包装物品的可视性，而玻璃的透明度具有这一优点。现今，玻璃材料的革新又赋予了玻璃更多新的功能，其耐热、耐压、耐清洗的优点，既可高温杀菌，也可低温贮藏。因此，成为牛奶、啤酒、果茶、酸枣汁等饮品的包装材料。

我国发现最早的玻璃器始于春秋末、战国初，后来从波斯引入了独特的玻璃吹制技术。宋辽时期，玻璃制品已经比较普及；明代万历年间，山东博山的料器制作已十分繁荣兴盛；清初，北京出现大规模的"玻璃厂"，生产皇宫享用的料器。例如，现藏于北京故宫博物院的清乾隆年间蓝玻璃方花觚（图2-16），高25cm，口

图2-16/蓝玻璃方花觚

径13.5cm；花觚方形，撇口，长颈，平底；通体为透明蓝色玻璃，光素无纹饰；底部中心位置的阴线双方框内阴刻楷书"乾隆年制"四字款；该花觚是清宫造办处玻璃厂造，形制仿古青铜器，器型挺拔大方，表面平滑光亮，既存古雅之韵，又显玻璃材质之明洁清新；清代花觚大部分作为五供之一，也可单独使用。

三、包装设计的发展时期

工业革命又称产业革命，对包装设计的发展产生着重大影响。印刷机械的出现与印刷技术的发明、完善，使包装的设计、制作都有了很大的进步。包装设计从单一的实用功能延展到诸多的营销层面的功能。采用环保材料和工艺的绿色印刷，更是为建设环境友好型社会中的包装设计带来了机遇与挑战。

1.包装设计的四次革命

在工业革命以前，作坊式的生产方式使得包装设计只为少数权贵服务，而非为大众服务。包装设计者既是手工艺人，也是产品的完成者，包装设计具有手工作坊的特点。包装设计的方式、方法是产品设计者在长期实践中摸索而得，没有形成理论层面上的研究成果。工业革命以后，社会生产力和商品经济都得到了飞速发展，商品出售仅限于是本区域或本国，变成了国家（地区）之间的往来。因此，为了保证商品的质量和完整性，金属、玻璃等材质被广泛研究与制造包装，包装设计及生产才在真正意义上得到普及，为大众服务。

（1）包装设计的第一次革命

十八世纪工业革命后，大工业生产力向全球传播。机器的发明及运用是这个时代的标志，由一系列技术革命引起了从手工劳动向动力机器生产转变的重大飞跃。随着大机器的广泛使用、生产技术的发展，产品成本大幅度降低，形成了广大的消费市场。1838年世界上最早的百

货公司乐蓬马歇（Le Bon Marché）在法国巴黎诞生；1893年的莫斯科百货商场也叫古姆商场（俄文全称缩写为"ГУМ"）开业；一些受新艺术运动影响的包装设计出现在消费者面前，简洁而具有很强装饰性的插图，标志着现代包装设计的起步。例如，1910年，法国西塔公司(Seita)推出吉坦香烟；1927年，莫里斯·乔特（Maurice Giot）负责创建品牌形象，设计了一款装饰艺术风格的包装，用吉普赛人、手鼓、扇子和橘子象征着南部；1943年，品牌邀请莫鲁森（Molusson）重新进行包装设计，"吉普赛舞者"形象首次出现在吉坦香烟盒上，表现出她站立、跳舞、右手的扇子抬起。铃鼓和橘子等元素消失，吉普赛人在蓝色背景上以白色表现（图2-17）；1947年，马克斯·庞蒂（Max Ponty）受命对徽标进行了现代化改造，他将包装上的人物形象进行了精修，并缩小，这次是蓝色背景上的黑色剪影，周围是白色喷绘的烟雾曲线，去掉她手中扇子，用左手握住手鼓。排版也进行了修改，品牌文字倾斜呼应人物形象和烟雾曲线的动感（图2-18）。

图2-17/1927年、1943年吉坦香烟包装

图2-18/1947年吉坦香烟包装

（2）包装设计的第二次革命

第二次工业革命，使得电力、钢铁、铁路、化工、汽车等重工业兴起，世界各国的交流更为频繁，并逐渐形成一个全球化的国际政治、经济体系。1940~1950年，各种新的包装材料和包装技术不断开发。尤其是包豪斯的功能决定形式的设计理念，对包装设计产生了极大的影响，包装上的每一个视觉元素都必须具有自己的功能与作用。第二次世界大战期间，大量军火和军需物资长途转运的需要，推动了运输创意包装设计与标准化生产，1948年美国出现了第一个运输包装标准。此外，第二次世界大战初期，美国士兵的饮用水的包装是金属罐。这种罐装包装使用后不易被破坏，为德国军队留下线索。

此时，1915年由美国一家玩具厂老板约翰·R·范·沃尔默（John R.Van Wormer）发明了纸质牛奶盒，1933年由美国国际纸业公司所属液体灌装部推出："新鲜屋"（屋顶包）一面市就成为新鲜牛奶包装容器的代表，它是一种由六层纸板构成的复合纸塑包装（保鲜内层、纸基层、阻绝层、保鲜中层、阻氧层和保鲜外层），不含铝箔金属层，外形有点像小房子（图2-19、图2-20）。所以，美国军方直接改成液体饮料的包装容器供军队使用。而后的四五十年间，新鲜屋不断引进、采用新技术，尤其是聚乙烯（PE）涂层技术的进步，使其成为液体饮料包装的王牌容器。

（3）包装设计的第三次革命

第二次世界大战之后开始的第三次工业革命，全球信息和资源交流变得更为迅速，世界进入全球化进程之中，世界政治经济格局进一步确立，人类文明的发达程度也达到空前的高度。1960年以来，国际贸易加速成长，其原因有二：一是社会进步的必然；二是国际相对和平的环境，保证了国际贸易量可以得到增长的环境条件。但不良包装造成国际贸易纠纷层出不穷。为解决这一问题，人们开始研究新的包装材料、包装机能及作用。此外，超级市场（自

图2-19/1940年美国新鲜屋牛奶包装

我服务方式）在全球拓展普及，成为促进销售的现代媒介。商品均事先以机械化的包装方式，分门别类地按一定的重量和规格包装好，并分别摆放在货架上，明码标价，顾客实行自助服务，可以随意挑选。在无干扰的购物环境中，促使一切商品都开始讲究包装的效果。包装功能由原来的保护商品、方便储运、美化商品，一跃而转向依靠包装推销商品的至高阶段，使包装上升为引导消费、进行商品市场竞争不可缺少的手段和工具，间接促成了日后包装工业的发展。例如，沃尔玛百货有限公司，即沃尔玛公司（WalMart Inc.），1962年由美国人山姆·沃尔顿（Sam Walton）创立，现今是一家世界性连锁企业，自2014年至2020年，已经连续7年在美国《财富》杂志世界500强企业榜单中居首位（图2-21）。

图2-21/沃尔玛超市

（4）包装设计的第四次革命

二十世纪以来，科学技术的发展给人类生活带来极大便利的同时，也产生了不能忽视的负面效应。八十年代，科学技术盲目发展所带来的全球性生态危机、能源危机、水资源危机、环境污染等一系列问题交织迸发，严重地威胁着人类的生存。回收再使用的包装观念应运而生，发展至今。日本包装设计在轻、薄、短、小的设计理念下，倡导"适合的包装"。包装设计开始了"轻量化"和"小体积"的包装时代。要求包装方式在节约资源、节约能源、节约空间和降低包装成本、便于废弃处理等方面采取最合理而有

图2-20/1950年美国新鲜屋牛奶包装

效的方法。此外,如何降低储运成本和增加使用的便利性,以提高商品竞争性,更是现今包装设计所追求的新目标。

二十世纪九十年代,包装设计在科技产品研发的带动下形成了新的市场秩序,也衍生出了许多环保问题,以低能耗、低污染为基础的"低碳经济"成为全球热点。1992年6月联合国环境与发展大会通过了《里约环境与发展宣言》《21世纪议程》,在全世界范围内掀起了一个以保护生态环境为核心的绿色浪潮。第四次工业革命是一场全新的以绿色工业为核心的变革。21世纪我国第一次与发达国家站在同一起跑线上,在加速信息工业革命的同时,正式发动和创新第四次绿色工业革命。在这种理念下"轻量化""小体积"的理想包装,不再只局限于能够容纳、保护、促销及成本合理化的需求。绿色包装(Green Packaging)也可称为环友(环境之友)包装,是指包装选用材料节约资源,废弃后易于回用、回收再生,或焚烧处理无毒害物产生,填埋处理少占土地并能自动分解而回归自然,不会成为永不灭绝的垃圾,对生态环境没有损害的包装。产品与包装已经走向使用"零污染"的材料。

2.符号与绿色包装设计

翻开21世纪历史的一页,1975年,世界第一个绿色包装"绿色"标志在德国问世。标志是由绿色箭头和白色箭头组成的圆形图案,上方文字由德文DER GRÜNE PUNKT组成,意为"绿点"(图2-22)。绿点的双色箭头表示产品或包装是绿色的,可以回收使用,符合生态平衡、环境保护的要求。1977年,德国政府又推出蓝天使(Blue Angel)认证(图2-23),授予具有绿色环保特性的产品和包装。"蓝天使"标志由内环和外环构成,内环是由联合国的桂冠组成蓝色花环,中间是蓝色小天使双臂拥抱地球状图案,表示人们爱护地球之意。外环上方为德文循环标志(Umweltzeichen),外环下方则为德国产品类别的名字,解释词"因为……"

(Weil……)以及"Jury Umweltzeichen",原来的题词读作"Umweltfreundlin"(环境友好)。蓝天使计划的主要目标为:①引导消费者购买对环境冲击小的产品;②鼓励制造者发展和供应不会破坏环境的产品;③将环保标章当作是一个环境政策的市场导向工具。

图2-22/德国"绿点"标志

图2-23/德国蓝天使认证

德国使用"环境标志"后,加拿大、日本、美国、澳大利亚、芬兰、法国、瑞士、瑞典、挪威、意大利、英国等国家也先后开始实行产品包装的环境标志。如加拿大的"枫叶鸽",日本的"爱护地球",美国的"自然友好"和证书制度,中国的"环境标志",欧盟的"欧洲之花",丹麦、芬兰、瑞典、挪威诸国的"白天鹅",法国的"NF"标志,奥地利的"生态标志",印度的"生态标志",韩国的"生态标章",新加坡的"绿色标志",新西兰的"环境选择",葡萄牙的"生态产品",克罗地亚的"环境友好",等(图2-24)。

图2-24/各国产品包装环境标志

在包装装潢的设计中正确使用绿色标签，可以有效地指导消费。因此，作为包装设计的从业人员必须了解、掌握应用范围和相关的设计要求。

1978年中国环境科学学会成立，1997年5月学会增设了绿色包装分会，确定了中国绿色包装标志（图2-25）。

了一幅明媚阳光照耀下充满和谐生机的画面，告诉人们绿色食品是出自纯净、良好生态环境的安全、无污染食品。AA级绿色食品标志与字体为绿色，底色为白色（图2-26），A级绿色食品标志与字体为白色，底色为绿色（图2-27）。绿色食品标志还提醒人们要保护环境和防止污染，通过改善人与环境的关系创造自然界新的和谐。

图2-25/绿色包装标志

1991年，中国第一例质量证明商标的绿色食品标志诞生，图形由三部分构成：上方的太阳、下方的叶片和中心的蓓蕾，整个图形描绘

图2-26/AA级绿色食品标志

图2-27/A级绿色食品标志

图2-28/循环再生标志

图2-29/100%可再生纸标志

近几年在全世界十分流行的循环再生标志，也可简称为回收标志。它被印制在各种各样的商品和商品包装上（图2-28）。这个特殊的三角形标志有两方面的含义：第一，它提醒人们，在使用完印有这种标志的商品包装后，请把它送去回收，而不要把它当作垃圾扔掉。第二，它标志着商品或商品的包装是用可再生的材料做的，是有益于环境和保护地球的。这个标志除了表示该产品使用了循环再用的材料生产外，还提示消费者认知产品使用循环再用材料的比例，例如"100%可再生纸标志"，即是说它的材料全部来自循环再用的材料，也是最为环保的材料（图2-29）。

3.学科体系的发展

2012年9月14日，《教育部关于印发<普通高等学校本科专业目录（2012年）><普通高等学校本科专业设置管理规定>等文件的通知》出台，其中2012年版专业目录成为高等教育工作的基本指导性文件之一。它规定专业划分、名称及所属门类，是设置和调整专业、实施人才培养、安排招生、授予学位、指导就业、进行教育统计和人才需求预测等工作的重要依据。

《普通高等学校本科专业目录（2012年）》

公布后，教育部在2014年至2019年根据具体情况增补新的专业，但大的门类则保持不变，形成了最新的《普通高等学校本科专业目录（2020年版）》。

2012年本科514个专业；2014年新增6个专业；2015年新增23个专业；2016年新增45个专业；2017年新增43个专业；2018年新增41个专业；2019年新增31个专业。包装设计专业是2016年新增45个专业中的艺术学门类设计学专业类别中新增的特设本科专业，专业代码为130512T。至此，包装设计由设计学一级学科中视觉传达设计专业的一门核心课程，成为设计学学科中特设本科专业。

包装设计专业能够分离出来，一方面是国家对包装设计行业的重视和支持，也可以看出我们国家对这类高层次人才需求在逐步增加。

包装设计的创新,不仅影响包装行业的发展,也影响着整个中国制造业的发展。另一方面,随着现代设计专业化分工的高水准要求,作为融包装技术、视觉设计、商业营销于一体的包装设计,已成为其他专业设计不可替代的独立专业设计体系,原来的部分兼从事包装与视觉设计的人员,从工业设计、产品设计、视觉传达设计及相近专业的设计队伍中分离出来,转向包装设计研究,形成创意包装设计专业队伍。

四、作业命题

1.中国"包装之星"奖

"世界之星"WorldStar包装奖是世界包装组织(WPO)设立的面向各理事国评选的世界包装设计大奖,代表着全球包装设计的最高水平和发展方向。"世界之星"包装奖由世界包装组织理事会评比,参赛作品由各成员国(地区)理事机构推荐,每年评选一次。

"世界之星"包装奖作品推荐组委会是世界包装组织认可的中国赛区"世界之星"作品推荐机构。组委会设立的中国"包装之星"奖是世界包装组织认可的中国具有报送资格的包装设计奖项。中国"包装之星"奖是中国包装设计师和大学生走向世界和获得"世界之星""世界学生之星"国际包装设计奖的重要通道。此赛事自2005年开赛至今。历年推荐的作品,在"世界之星"包装奖评选中都取得了骄人成绩,已成为中国打开国门、走向世界的文化象征之一。

(1)奖项类别和申报对象

中国"包装之星"奖面向从事包装专业的设计师及学生,分别设立中国"包装之星"奖(专业组)和中国"包装之星"创意奖(学生组)。

专业组:从事包装设计的机构、设计师、商品生产企业等。

学生组:在校或应届毕业大学生(含研究生)、专科生及职业学校学生。

(2)作品类别

专业组申报作品应为近三年(参加评选的当年和之前两年)设计并已投产使用的原创包装设计作品,学生组申报作品应为学生本人原创包装设计作品。

申报作品可包括以下六类产品包装设计和包装创意:

①饮料、茶叶、烟、酒类;②食品类;③医药、保健、美容产品类;④轻工产品及家庭用品类;⑤机电产品类;⑥其他产品类。

2.获奖作品

北京印刷学院设计艺术学院的视觉传达设计系教学团队,带领视觉传达设计专业包装设计方向的学生和印刷与包装工程学院包装工程专业学生,自2009年起参加中国"包装之星"奖,获得"世界学生之星"奖和中国"包装之星"奖共计53个奖项(图2-30~图2-38)。

图2-30/2009年中国包装之星/优秀奖/罗莱斯科酒包装
(作者:张宁宁/指导:张禹、魏东)

平面展示图   实物细节拍摄

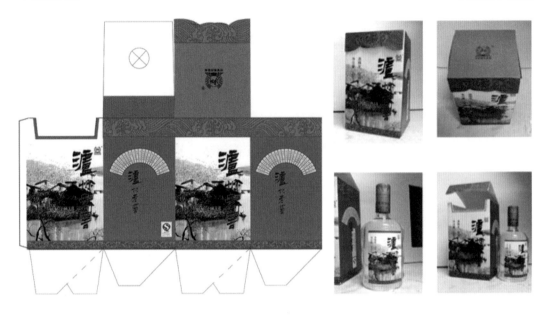

图2-31/2009年中国包装之星/三等奖/泸州老窖酒包装（作者：张一洁/指导：刘秀伟）

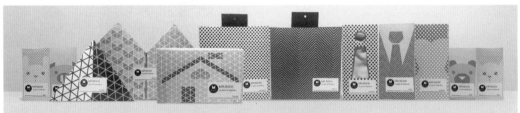

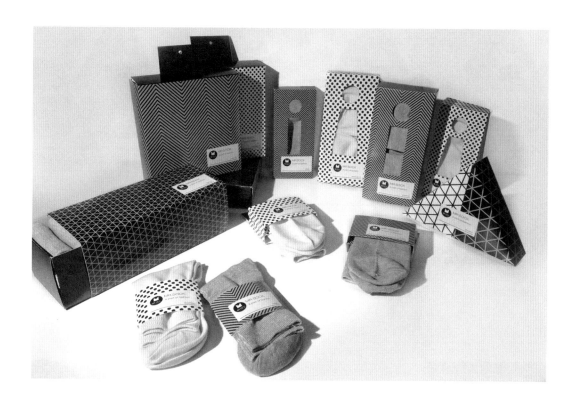

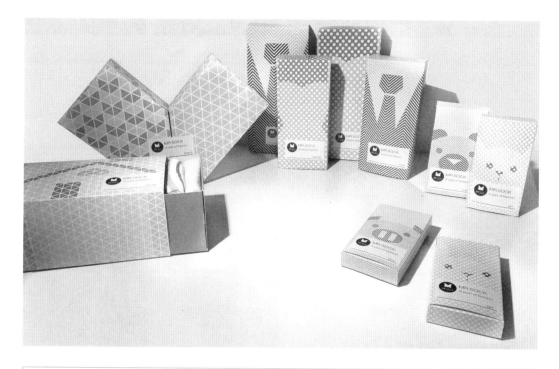

图2-32/2017年中国包装之星/二等奖/"MR.SOCK"袜子包装（作者：张冉/指导：史墨）

图2-33/2017年中国包装之星/优秀奖/快递箱创意结构设计（作者：洪琪涵、刘子珺、徐鑫壁/指导：傅钢）

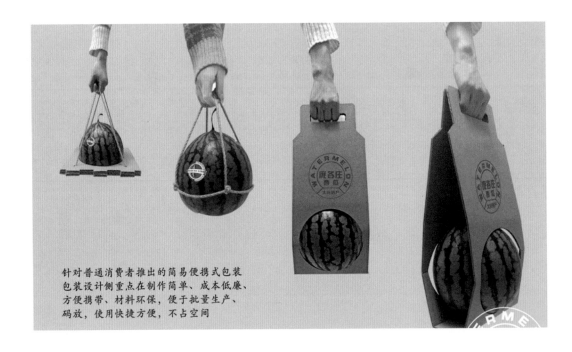

针对普通消费者推出的简易便携式包装
包装设计侧重点在制作简单、成本低廉、
方便携带、材料环保，便于批量生产、
码放、使用快捷方便，不占空间

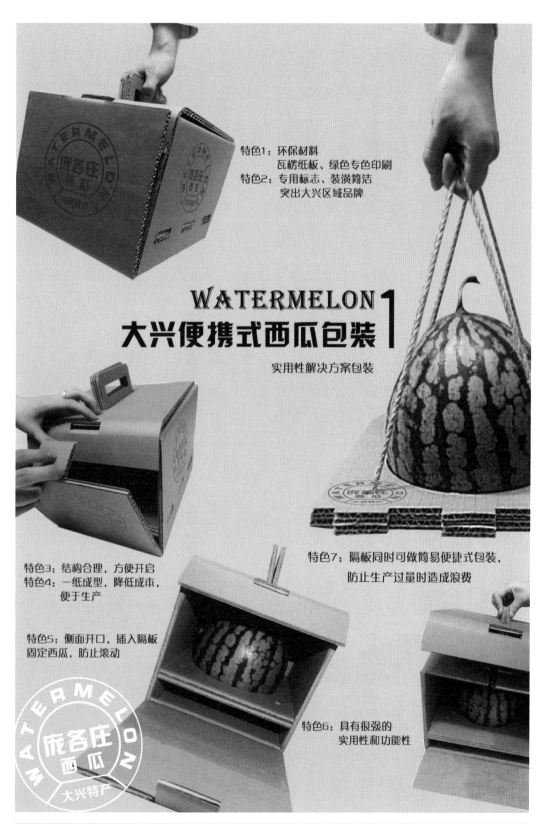

特色1：环保材料
　　　　瓦楞纸板、绿色专色印刷
特色2：专用标志、装潢简洁
　　　　突出大兴区域品牌

WATERMELON 1
大兴便携式西瓜包装
实用性解决方案包装

特色3：结构合理，方便开启
特色4：一纸成型，降低成本，
　　　　便于生产

特色5：侧面开口，插入隔板
　　　　固定西瓜，防止滚动

特色7：隔板同时可做简易便捷式包装，
　　　　防止生产过量时造成浪费

特色6：具有很强的
　　　　实用性和功能性

图2-34/2017年世界之星/世界学生之星奖/大兴便携式西瓜包装（作者：叶芯怡、陈晓晴/指导：傅钢）

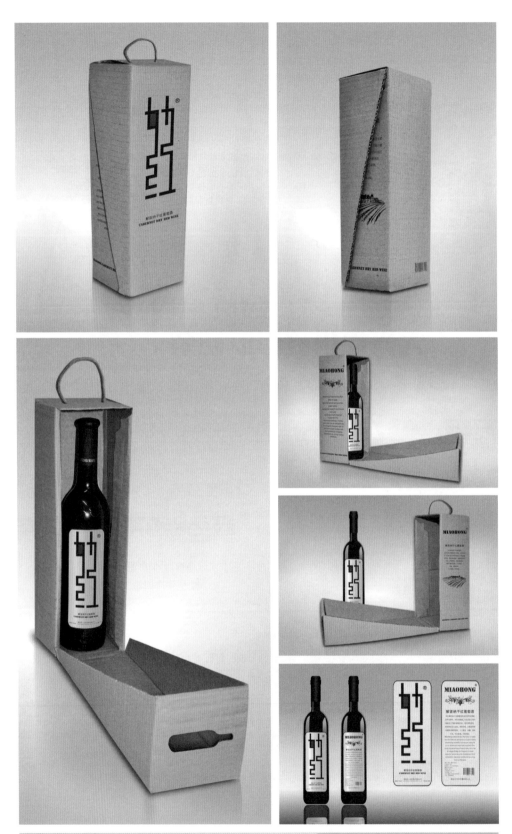

图2-35/2011年中国包装之星/优秀奖/妙红红酒包装（作者：刘艳平/指导：刘秀伟）

01 一撕即开
拉链纸箱，提高拆包
速度，畅享撕开快感

02 快速打包
自锁底结构+背胶
方便纸箱成型

03 无需透明胶带
缩短工时，外观简洁，
环保，降低耗材成本

04 隐藏提手
新颖独特，有效解决
快递不好拿的难题

05 二次使用
隐藏背胶结合拉链，
重复利用省材料

06 有趣的用户体验
拟人化的操作提示语加上新颖
独特的提手，让买家爱上包装

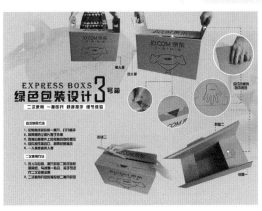

图2-36/2017年世界之星/入围奖/绿色快递包装设计（作者：徐晓娟、陈晓晴、刘子珺/指导：傅钢）

图2-37

图2-37/2020年中国包装之星/三等奖/好时巧克力包装（作者：闫梦捷/指导：傅钢）

图2-38/2020年中国包装之星/三等奖/"本草居"药膳汤料包装（作者：麻淑芳/指导：史墨）

第三章 | 包装设计类别

消费市场的商品种类繁多，各种商品有各种不同形态的结构和外观。为了更好地完成商品包装的设计任务，须对众多的商品包装进行科学分类。包装分类是把包装作为一定范围的集合总体，按照一定的分类标志或特征，逐次归纳为若干概念单一、特征明确的局部单元。包装具有多种分类，不同部门和行业针对包装有逻辑上固定的分类。一般来讲，包装工业部门多按包装材料、容器和生产方式等进行分类；包装使用部门多按包装的作用、适用范围和主要性能等进行分类；商业部门按商品经营范围和习惯等进行分类；运输部门按运输方式、方法及作用进行分类。从包装设计的不同视点和不同功能的角度，以及包装的形式具有多样化的复杂性与交叉性出发，我们可以依据产品内容、包装材料、包装功能、包装形态、包装技术以及包装使用次数等进行分类。研究包装的分类，有助于设计者对包装的形态、功能、材料、技术等诸方面有一个初步认识，对于分工和协作，区分不同类型的包装，规范不同种类包装的称谓，以及包装教育、包装研究、包装展览和学术交流也有一定的意义（图3-1）。

图3-1/2020年Pentawards大奖赛金奖/英雄坚果、果干包装设计/Backbon品牌工作室/亚美尼亚

设计团队　品牌策略总监：斯蒂芬·阿瓦涅斯扬（Stepan Avanesyan）
　　　　　品牌策略助理：露西·格里戈里安（Lusie Grigoryan）
　　　　　创意方向：斯蒂芬·阿扎里扬（Stepan Azaryan）
　　　　　美术指导：马里亚姆·斯蒂芬扬（Mariam Stepanyan）
　　　　　平面设计：迈恩·布达吉安（Mane Budaghyan）
　　　　　文案：格雷斯·杰瑞坚（Grace Jerejian）

设计洞察　近年来，在休闲食品市场，坚果和果干作为"超级食物"已变得非常流行。平心而论，"超级食物"的
　　　　　流行，跟消费者日益尊重科学、重视身体健康有关。人们把坚果和果干当作休闲零食来补充日常营养
　　　　　素，比起那些"垃圾"食品，它们绝对是拯救零食界的"英雄"。虽然每种坚果的口味不同，但是它们
　　　　　的共同特点就是都含有丰富的不饱和脂肪，有利于降脂降压，而且更是多种维生素和矿物质的来源。果
　　　　　干用先进技术保留水果的自然风味和营养价值，富含植物纤维，具有帮助消化和防止便秘，以及清热、
　　　　　养颜、减肥功效。

解决方案　当设计师们为16种不同的坚果和果干设计包装时，将创意原点设定在它们具有较丰富的营养价值、有
　　　　　益健康，特别是在增强免疫系统中所起的作用上面。这个概念是为了让人们坚持每天补充坚果和果干中
　　　　　的一些营养物质。为了在视觉上直观地传达这些信息，设计师们将每一种坚果和果干化身为不同的英雄
　　　　　形象，他们都戴着特有的头盔，预示随时准备守卫和保护。然而，他们都不携带武器，因为他们是爱好
　　　　　和平的英雄。他们的任务不是破坏和战斗，而是帮助我们身体得到修复，增强免疫力。这些英雄们发出
　　　　　了正能量的信息：他们的力量是用来造福人类，保护我们的身体和维护我们的健康福祉。战争年代，英

雄是在战斗取得胜利后产生的，而这些营养队伍中的英雄们最终取得胜利是必然的。因为，他们增强的是人体的免疫系统，而人体的免疫系统像一支精密的军队，时刻保护我们免受外来入侵物的危害。

最终效果　这16种不同类型的英雄就是一个"免疫"的小队。他们来自不同的历史时代，有不同的血统和种族。提示我们这些食物适合所有人。无论我们来自何处，属于哪个民族以及何时出生，他们在人体中都以相同的方式起着作用。我们都是人类，有相同的需求、相同的器官、相同的机体，还都面临着同样的病毒和疾病。为了方便消费者购买和食用，设计师们在每个包装上注明该商品的优点以及它们提供的特定维生素。每个包装内的分量相当于平均每人每天摄入量的2倍。就品牌名称而言，设计师们选择了"英雄（Hero）"这个词的所有格形式：英雄的（Hero's）。此外，在包装上，无论是顶部的品牌名称，还是底部的类型（果干和坚果）的描述，都选用了粗体的大写字母，从而创建了品牌和商品之间的视觉联系。设计师传递的信息是：当你购买该商品，食用这些"超级食物"后，就会增强你的身体机能，使自己变得强壮，你就成为了英雄。

一、按产品内容分类

不同的商品（产品、物品）具有不同的特点，防护的需要也各自不同。我国经常使用的《商标注册用商品和服务国际分类》（《尼斯分类》）共包括45类，其中前34类是商品类，后11类是服务类，共包含10000多个商品和服务项目。它们在包装的要求上有各自的不同。因此，在包装设计上应本着商品的特性来进行。

包装的对象有：化工用品包装、生活用品包装、食品包装、烟酒包装、医药包装、文体用品包装、卫生用品包装、化妆品包装、玩具包装、五金家电制品包装、艺术品包装、纺织产品包装、土特产品包装等。

例如土特产品包装设计，设计寻找的卖点是天然、有机和自然的味道。①采用原生态材料，包裹产品的包装设计可以使用稻草、竹子、木头、厚纸板，或是由再生材料制成的纤维素等天然材料。②再现原生态形象，就是包装上重现产品自然形态，让顾客有一种身处自然的联想（图3-2）。

图3-2/2020年标志大赏标志功能奖（结构与材料设计类）/Rai Mai Jon甘蔗汁包装设计/Prompt设计工作室/泰国

设计团队 　执行创意总监：索姆查纳·康瓦尼特（Somchana Kangwarnjit）

　　　　　设计师：沃敏·塔纳瑟维（Womin Thanathawee）

设计洞察 　泰国是世界十大甘蔗生产国之一，因为甘蔗种植可以为农民带来更好的收入，从而鼓励更多的投入。除
　　　　　了主要用于生产甘蔗糖以外，甘蔗作为所有水果中唯一一种茎用的水果，也是所有水果中含糖量最高
　　　　　的。很多人喜欢吃甘蔗，但是，在泰国甘蔗汁业务尚无强势品牌，通常由街头小贩出售，他们用甘蔗榨
　　　　　汁，然后用较不卫生的方式买卖。因此，设计师们为推动巴氏杀菌的甘蔗汁销售，为泰国甘蔗汁创造一
　　　　　个新的包装。

解决方案 　设计师在与一家特许经营和销售瓶装甘蔗汁的泰国公司努玛伊雷马洪（Numaoy Raimaijon）合作时发
　　　　　现，其产品设计看上去完全和竞争对手一样，是货架上谁也不会留意的东西。所以，设计师们为雷马洪
　　　　　（Rai Mai Jon）品牌的甘蔗汁打造了一款能够进入超级市场和便利店的新颖包装设计，提升雷马洪品牌
　　　　　的知名度。品牌的标志设计是由文字和甘蔗扁平化的图形组成，包装造型设计则尽可能模仿甘蔗的外
　　　　　观、感觉和质感，旨在给甘蔗爱好者一种全新的体验。这些瓶子的形状和尺寸设计，是为了能使瓶子很
　　　　　方便地互相卡扣并堆叠在一起。从远处看时，该设计在货架上非常醒目，消费者易于识别。

最终效果 　品牌差异化的一个很好的出发点是颠覆传统的包装设计理念。这种具有独特造型的饮料包装，利用甘蔗
　　　　　图案和甘蔗汁色彩，使甘蔗成为产品的主题，传递出的视觉语言非常清晰。就用户体验而言，消费者就
　　　　　像在直接饮用甘蔗一样。堆叠的可选功能是独一无二的，既容易散装分发，也可以将其堆叠成自然界中
　　　　　甘蔗的实际造型。这款源于自然形态的土特产品包装设计让消费者收获意想不到的惊喜，并给他们留下
　　　　　深刻的印象。雷马洪甘蔗汁在1周内售罄，在网上也引起极大的关注。

二、按包装材料分类

包装材料的功能是容纳，把产品与外界隔离，保护产品等。不同的产品，考虑到它的运输过程与展示效果等，所以使用材料也不尽相同。以往包装主要由一种材料构成，然而今天单项材料的包装却很少见，通常由几种材料结合在一起以体现出工艺和经济上的优越性。从包装商品的材料对包装进行分类，即每一种相同材料构成一类包装。如玻璃包装、金属包装、纸包装、塑料包装、木制包装、陶瓷包装，以及由棉、麻、布、丝绸、竹、藤、草类制成的其他材料的包装等。包装中最常用的四大材料所占比例为：纸及纸板占30%，塑料占25%，金属占25%，玻璃占15%。

1.玻璃类

玻璃是一种很有历史的包装材料，具有良好的阻隔性能，其气密性能是无与伦比的。还可以反复多次使用，降低包装成本。为防止光线渗透，可进行颜色和透明度的改变。此外，玻璃包装材料具有较高的化学稳定性，有良好的耐腐蚀能力和耐酸蚀能力（除氢氟酸外，其他酸都不能使玻璃发生腐蚀），适合进行酸性物质（如蔬汁饮料等）的包装。由于玻璃包装材料适合自动灌装生产线的生产，因此，玻璃瓶罐的包装容器较多，成为食品、医药、化学工业广泛使用的包装材料。

2.金属类

金属材料是人类发现和使用最早的传统材料之一。目前，金属中的铁和铝主要应用在制罐厂。金属罐比起任何其他容器，对光、气、水的阻隔性最好，可以长期有效地保护内装物，并能经受储运过程中的剧烈搬动，符合包装的多种要求。金属材料延展性好，容器可以弯曲而且不易断裂，很适合于高速装填生产线生产。此外，金属材料表面光滑，易于印刷、装饰，具有良好的装潢性能。

3.纸和纸板类

纸作为包装材料，比玻璃的应用还要早。一般来说，纸本身不具备绝缘性能，对内容物实际上起不到保护作用。纸通常是一种基本包装材料，可以上涂料、层压和成型，在很大程度上提供了卓越的包装功能。纸张的涂布、印刷技术在近年来发展极快，应用范围更加广泛。纸板是一种重要的包装材料，属于一种结构材料，当构成立方体、长方体或多面体等形式时就具有一定的结构强度。纸与纸板能提供动态和静态保护，便于装饰，被广泛应用于销售包装中，以便保护零售包装。瓦楞纸板被广泛应用于运输包装中。

4.塑料类

塑料由聚合物和各种助剂组成。聚合物是塑料的基本成分，它可以是合成的或天然的，决定着塑料制品的基本性能。塑料作为包装材料，是一个具有广泛性能的材料族，在我们的生活中无处不在，但多半为一次性材料，包装开启后即完成了使命，作为废弃材料回收。我国塑料包装以薄膜、袋、包装箱和容器为主，包装材料主要有：聚乙烯（PE，低密度、中密度、高密度）、聚丙烯（PP）、聚氯乙烯（PVC）、聚苯乙烯（PS）、聚酯（PET）、聚偏二氯乙烯（PVDC）、苯乙烯（SAN）等。在食品、饮料、日用品、大宗化学品、农业生产等各个领域中发挥着不可替代的作用。

5.木材类

木包装是用天然生长的木材或人工制造的木材制品作为材料的包装容器。木包装质轻且强度高，有一定的弹性，能承受冲击和振动，而且与其他材料比较，木材加工能耗最小。木材作为包装材料，具有悠久的历史，它是公认的可再生资源，是可持续利用的包装材料，其独特的绿色包装性能，是未来世界上用途最广的绿色包装原材料之一（图3-3）。

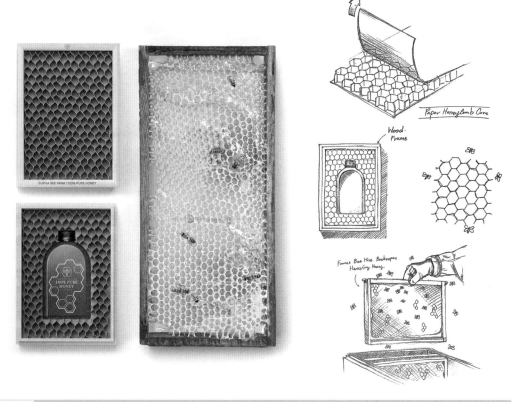

图3-3

图3-3/2020年Pentawards大奖赛金奖/Supha Bee Farm蜂蜜包装设计/Prompt设计工作室/泰国

设计团队   执行创意总监：索姆查纳·康瓦尼特（Somchana Kangwarnjit）
           设计：罗德沙里茨·阿卡钦（Rutthawitch Akkachairin），纳帕帕奇·桑妮（Napapach Sunlee）
           修饰：潘提帕·普姆曼（Pantipa Pummuang），蒂亚达·阿卡拉西纳库（Thiyada Akarasinakul），
           索姆波恩·托姆卡奥（Somporn Thimkhao）

设计洞察   苏帕蜂场（Supha Bee Farm）坐落于泰国清迈（Chiang mai）以北的湄林区（Mae Rim），毗邻国家保
           护林区湄沙河谷（Mae Sa Valley），是多项皇家农业种植计划的所在地，包括诗丽吉（Sirikit）皇后公
           园。苏帕蜂场是清迈第一个获得良好生产规范（GMP）认证的养蜂场，也是泰国皇家一镇一特产计划
           （OTOP）的参与单位。盛产龙眼的清迈，自然成为盛产龙眼蜂蜜的地方。

解决方案   泰国市场上有许多蜂蜜产品品牌。在激烈的市场竞争中，大多数品牌都声称是高品质的蜂蜜，而事实上
           却并非如此。苏帕蜂场是泰国两个主要的蜂蜜生产商之一，拥有自己的养蜂场和养蜂设施，主打产品是
           100%纯蜂蜜。苏帕蜂场需要一个包装，提升市场竞争力。即时设计（Prompt Design）工作室的设计师
           们，先用SUPHA BEE FARM的两个首字母"SB"为它们设计了能够体现品牌优势的标志符号，一个线条

化的蜂蜜造型。其包装设计的灵感来自蜂巢的基本结构。

最终效果 设计师们通过一个简单而优雅的设计（蜂巢结构）成功实现100%纯蜂蜜包装的概念。在包装设计中，木材、纸张和塑料等包装基材一起使用，不仅创造了一个视觉上的蜂巢结构，而且给人的感觉是苏帕蜂场的瓶装蜂蜜直接来自蜂箱中。纸蜂窝＋木箱创造了一个100%纯蜂蜜包装，以一种真实的方式将蜂蜜和包装结合在一起，体现良心蜂农酿造良心蜂蜜，用健康食品打造健康生活的品牌调性。

三、按包装功能分类

商品使用的范围不同决定了包装设计应用范围的不同。同类性质的商品因应用的地方不同，采用的包装形式也不同，有的侧重于包装安全和仓储运输的保护功能，有的侧重于包装绿色理念的宣传功能，有的侧重于包装开启、提拿、储运的方便功能，但无论哪种包装形式都要体现出包装的功能。按包装功能可分为：商业包装、工业包装、军需包装等。

1.商业包装

商业包装又称销售包装、零售包装或消费者包装。包括：外销包装、内销包装、经济包装、礼品包装。商业包装的主要功能着重在宣传商品促进销售，主要是在日常生活中使用，如方便袋、牛奶盒、饮料瓶、易拉罐、包装纸、快递包装物等。因为，最终消费对象是个体消费者，所以，商业包装几乎遍布在有人类生活的各个角落。在包装设计上要符合消费者的审美情趣，既经济实惠，又方便实用、美观大方（图3-4）。

2.工业包装

工业包装又称运输包装或储运包装。工业包装是商品物资运输和保管等物流环节所需要的必要包装，主要功能是在商品运输、保管、装卸搬运过程中提供保护作用，即保持商品的数量和质量不变。对于生产资料，工业包装的作用尤其突出。工业包装的对象有：钢铁制品、机械装置、化学药品、木材制品。这类包装一般对包装装潢的设计要求不是很高。

3.军需包装

军需包装是指符合军事要求的军用物资的包装。军用物资种类很多，按物资类别可分为：日常生活用品，即粮食、被服、医药、用具等包装；军用装备，即油料、弹药、军械、军雷等包装。军需包装必须具备保护性、便于运输、方便使用和伪装性等特点。此外，军需包装打开后，必须发挥其设计能力，确保使用可靠性达到100%；包装重量（体积）和外形尺寸均需做到最佳；包装材料和包装方法必须严格遵循有关规定。

图3-4

图3-4/2020年Pentawards大奖赛金奖/Tomacho番茄酱包装设计/Backbon品牌工作室/亚美尼亚

设计团队　品牌策略总监：斯蒂芬·阿瓦涅斯扬（Stepan Avanesyan）
　　　　　品牌策略助理：露西·格里戈里安（Lusie Grigoryan）
　　　　　创意总监：斯蒂芬·阿扎里扬（Stepan Azaryan）
　　　　　美术指导：马里亚姆·斯蒂芬扬（Mariam Stepanyan）
　　　　　插图画家：埃琳娜·巴塞格扬（Elina Barseghyan）
　　　　　平面设计：迈恩·布达吉安（Mane Budaghyan）
　　　　　文案：格雷斯·杰瑞坚（Grace Jerejian）
　　　　　项目经理：玛丽安娜·阿特谢米（Marianna Atshemyan）

设计洞察　当你听到番茄猛男（Tomacho）这个词的时候，难道不会为之一振、会心一笑吗？的确，这些鲜亮的红
　　　　　色水果，用它不平凡的色彩激发了设计师们的灵感和创造力。在面对一个关于番茄衍生产品的项目中，
　　　　　设计师们围绕这个主要元素创建一个有趣的家族故事，并通过设计传递出他们对世界最受欢迎的水果
　　　　　排行榜中排名第一的世界"宠儿"番茄的喜爱！

解决方案　设计师们首先通过创设问题导入法来挑战想象力：这个品牌的番茄是否有自己独特个性特征的角色，
　　　　　它们看起来像什么，它们会做什么，怎样度过每一天？于是，设计师们用拟人化的创作手法，赋予番
　　　　　茄鲜明的个性特征和气质，让它们变得栩栩如生。每个特定的手绘拟人形象，与生产线上的10种番茄

产品相对应。不同的生命阶段的手绘角色代表着其对应的产品，从刚出生的小樱桃番茄到老年变皱变干的油番茄干。补充一下，所有这些不同生命阶段、不同身体形态的番茄形象同属于"番茄猛男"家族。设计师们选定的品牌名称为"番茄猛男（Tomacho）"，以强调番茄的高品质。事实上，用红色表示"猛男（Macho）"，也对应了番茄的鲜红色。同时，猛男的描述完美地总结了他们为这些角色创设的英雄故事。番茄猛男家族中的每一个番茄都很勇敢，它们也因自己属于这样一个高尚的家族而感到自豪。家族里的族长肩负着保护家族的责任，将自己所有的时间都花费在保护家族上，以确保家族成员不成为转基因生物，让杀虫剂和任何其他人造物质都远离它的孩子，使它们以最自然的方式成熟。所有的番茄猛男都是勇敢的生物，它们已经准备好，为保护家族声誉、为证明自己是纯天然生物去做任何事情。

最终效果 果酱在亚美尼亚埃里温地区很受欢迎，是厨房里必备的物品，但是现在市场上的果酱品牌已经趋近饱和状态。所以番茄猛男品牌在面对这种市场环境下，决定从包装设计上想办法来解决这种尴尬状态。设计师们从健康消费也成为新的热点出发，用幽默和独特的设计理念，将鸟儿与番茄创意相结合，突出该产品的自然与健康。在标签设计上使用丰富多彩充满活力的手绘插图和白色的简约背景，突出主体形象，以吸引消费者注意力，并与他们建立起牢固的关系。对于这个新系列，设计师们的目标是创建与番茄一样受欢迎且易于使用的番茄产品包装设计。

四、按包装形态分类

商品有着不同的分类，也有着不同的形态。不同的商品（产品、物品）的形态不同，决定了包装形态的各自不同。而同类商品包装不同形态的设计表现，也越来越丰富多彩（图3-5）。按包装形态可分为：个包装、中包装、外包装、系列化包装、礼品包装等。

1. 个包装

个包装是指直接与产品接触的包装。也称单个包装、内包装、小包装。起直接保护商品的作用，为商品提供了原始的保护层。在生产中与商品组成一个整体，一般随同商品一起销售给顾客。个包装上印有商标、商品性能介绍和保管使用方法等说明，宣传商品，指导消费。这类包装是设计的重点，包装设计的好坏直接影响到终端销售的好坏。

2. 中包装

中包装一般是将二到十二件商品的个包装再进行集装，组合成一个新的包装整体，是个包装的组合设计。中包装的形式也经常直接出现在终端销售中，例如，五连包方便面、手帕纸巾等。中包装有利于降低售价，向消费者提供更多的优惠促销服务。此外，中包装也是包装视觉设计重点。

3. 外包装

外包装也称大包装、运输包装。是指在商品个包装或中包装外面再增加一层的包装，通常可以容纳多个内包装或中包装。由于它的作用主要用来保障商品在流通中的安全性，包装重量、尺寸、标志、形式等应符合国际与国家标准，便于搬运与装卸，能减轻工人劳动强度、使操作安全便利、符合环保要求。

4. 系列化包装

系列化包装符合美学的"多样统一"原则，是当今国际包装设计中一种较普遍流行的形式。产生的原因：①产品的多样化促成产品包装多样化、系列化；②个性化、专业化、特色化设计不断促成系列化包装；③先进的包装技术开发设计与人性的结合，促使系列化的包装设计成为必然。分类：①同一品牌，不同功能的商品进行成套系列化包装；②同一品牌，同一主要功能，但不同辅助功能的系列商品；③同一品牌，同一功能，但不同配方的系列商品。

5.礼品包装

礼品作为具有特殊用途的商品, 在包装设计上强调个性、创意和创新。不同节日、不同场合赠送的礼品不同, 礼品包装的要求自然也不同。礼品包装一方面是出于保护礼品的目的, 另一方面也是为了使所送的礼品显得更为庄重。礼品包装设计要坚持适度, 避免过度包装, 造成浪费。

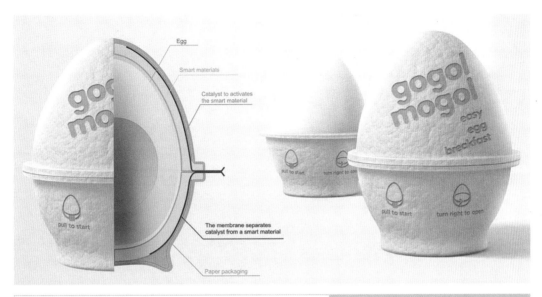

图3-5/2012年Pentawards大奖赛金奖/俄罗斯鸡蛋包装设计/Kian品牌设计机构/俄罗斯

设计团队 创意总监：基里尔·康斯坦丁诺夫（Kirill Konstantinov）
美术指导：玛丽亚·塞普科（Maria Sypko）
设计：安德烈·卡拉什尼科夫（Andrey Kalashnikov）
结构设计：叶甫盖尼·莫尔加列夫（Evgeny Morgalev）

设计洞察 根据美国市场研究机构产业动态追踪组织（NPD Group）的《2012美国零食报告》，与5年前相比，美国消费者更不可能跳过早餐、午餐和晚餐。但是，这些正餐常常以"迷你餐"而不是"大餐"的形式出现。例如，晚餐中平均消费的食物数量，从1985年的5.3种食物和饮料下降到今天的4.1种。因此，随着每餐食用的食物数量逐渐下降，两餐之间的零食增加了。市场研究人员发现，超过一半以上（53%）的美国人每天吃零食2～3次，并且那些注重健康饮食的人最喜欢经常吃零食。45岁以下的成年人声称，与婴儿和老年人相比，他们频繁地吃零食是因为他们忙碌的生活方式需要更多便利。由于这些食品的便携性和便利性，使得零食和快餐消费更加普遍。所有的食物生产商和销售商都希望增加现有产品的市场份额，这时候，利用新颖的外包装在激烈的市场竞争中脱颖而出，并激发潜在用户的购买欲是最有效的方法。在过去的几个月中，外卖午餐、小吃和单人餐推出了各种各样的创新包装，这些包装越来越多地针对单人家庭、忙碌的成年人以及老年人。

解决方案 没有鸡蛋的间餐和中午的快餐会是什么样？营养的均衡没有实现。在厨房里煮鸡蛋是最简单的事情，但是，当你两餐之间想吃刚煮熟的鸡蛋时，可以说是非分之想。没有水的情况下煮熟鸡蛋是一个难题！俄罗斯吉安（Kian）品牌设计机构解决了这个问题。他们设计了一个鸡蛋包装，名为"果戈理莫戈"（Gogol Mogol，来自俄罗斯的一道菜——俄罗斯鸡蛋）的超级小工具。它是一种有凸销的单个鸡蛋容器，但它又不仅仅是一个鸡蛋包装，没有水，不用锅，甚至不用花费很多时间，完美地将鸡蛋"煮"到包装中，鸡蛋在两分钟内就可以煮好，简单到了极致。果戈理莫戈品牌是吉安品牌设计机构在欧洲包装设计协会（European Packaging Design Association）设计竞赛之际创立的一个新品牌，包括创新的品牌概念、名称、造型和包装解决方案的设计。比赛要求一个创新的包装项目，而吉安远远超出了创造一个包装的要求，它是能够彻底改变烹饪的包装。评审团成员赞扬果戈理莫戈包装的人体工程学设计和创新方法，并选择这一项目作为其20周年纪念竞赛的冠军，并获得"自主设计奖"。这个创新产品适合那些忙碌但又关注自己身体健康、坚持健康饮食的人们。吉安品牌设计机构提出的解决方案改变了消费者看待日常生活用品的惯性思维，提醒人们从不同的角度看待问题。现在，你的办公室零食中多了一个水煮蛋！

最终效果　果戈理莫戈品牌是烹饪、储存和包装鸡蛋的新方法，它的独特创新体现在包装的双重功能中，既可以用作容器又可以用作制作装置。该包装在超市的货架上（鸡蛋区）可以垂直放置，单独出售，也可以放置在一个三层架子上，该架子可直接放入购物袋，不会在购物袋中占用太多空间。每个鸡蛋包装均是采用不同的回收纸板制成的。最外层是由回收的传统上用来制作蛋盒的纸箱组成。内层有三层：一层是注入氢氧化钙和其他化学物质的催化剂；另一层是含有水的"智能层"；两个内层之间有一层隔离膜，棕色保护带从容器中伸出，是连接到隔离膜的"销"，当隔离膜被粘在容器"罩"中时，鸡蛋是安全的。提取拉舌后，氢氧化钙与"智能层"中的水反应，能产生足够的热量煮鸡蛋。包装内的加热过程可以持续三分钟。两分钟就能煮熟鸡蛋。因此，可以根据用户需求选择时间，软的还是硬的。这个将鸡蛋包装和烹饪方法结合在一起的独特的概念设计，唯一缺点是一次性用品，不能再次使用，但是，它是由回收材料制成，做到了减少浪费。

五、按包装技术分类

现代科技高速发展，许多新技术、新工艺已被应用于包装设计之中。在包装技术和设计上下功夫，不仅能改善和增加包装的功能，以达到和完成特定包装的目的，更能在同类商品中提高认知度。专用包装防护技术有：物理防护包装技术、化学防护包装技术、生物防护包装技术、环境防护包装技术等。所以，按包装防护技术分类，包装可分为防震包装、防水包装、防虫包装、防辐射包装、防霉包装、防锈包装、防伪包装等。按包装技术的不同分类，有充气包装、真空包装、收缩包装、拉伸包装、脱氧包装、灭菌包装、冷冻包装、缓冲包装等。随着人们对产品包装的要求越来越高，也会有越来越多的包装技术出现。

六、按使用次数分类

按包装回收利用次数，包装可分为一次用包装、多次用包装和周转包装等。一次用包装是指一次性使用的包装，在使用后即要回收，因此要考虑到包装的成本和环保因素。多次用包装是指可多次回收利用的包装。周转包装是介于器具和运输包装之间的一类容器，实质是一类反复使用的转运器具。

2018年国家邮政局制定发布了《快递业绿色包装指南（试行）》，规定了行业绿色包装工作的目标，即快递业绿色包装坚持标准化、减量化和可循环的工作目标，加强与上下游协同，逐步实现包装材料的减量化和再利用。在可循环操作方面，要求企业要积极推行在分拨中心和营业网点配备标志清晰的快递包装回收容器，建立相应的工作机制和业务流程，推进包装物回收再利用。要逐步推广使用可循环快件总包，避免使用一次性塑料编织袋。快件总包使用的材质、规格等宜符合快递行业相关标准，循环使用次数不低于20次。

七、作业命题

1.中国印·全国高校创新设计大赛

自2006年开赛的"中国印·全国高校创新设计大赛"由北京印刷学院主办，每届大赛携手不同的企业开展。赛事名称也经历三次调整：2006年至2007年，雅图仕包装与印刷创新设计大赛；2010年至2015年，利奥杯全国大学生包装与印刷创新设计大赛；2016年至今，中国印·全国高校创新设计大赛。

（1）大赛介绍

为更好地凝聚引领青年爱国奋进、砥砺品格，传扬艺术，创新文化，面向全国高校发起"中国印·全国高校创新设计大赛"活动，大赛旨在推动高校艺术设计创新教育的发展，为全国高校设计专业的学生搭建一个交流和学习的创新设计教育展示和竞赛平台，不断为加强设计教育创新而共同努力。

（2）赛项设置

A. 海报设计；B. 包装设计；C. 书籍设计；D. 品牌设计（含标志设计及应用展示）；E. 字体设计；F. 产品设计；G. 插图设计；H. 新媒体设计；I. 设计论文：① 学术研究方向，② 教学研究方向（仅限教师及硕博研究生参加）。

（3）竞赛方式

大赛采用无目标命题的竞赛方式，即在相应设计类别内，不限定设计内容，实施方案不拘一格。这种无目标命题的竞赛方式利于为参赛选手留有应用创新的空间，重在考查参赛选手的创新思维和设计应用能力。

2.获奖作品

该竞赛的第一届只面向北京印刷学院2002级至2004级平面设计专业学生，包装设计作品获得1个银奖、2个评委奖、6个创意奖、4个佳作奖和9个入围奖；第二届面向北京市高校，平面设计专业学生在包装设计类别中获得1个金奖、2个铜奖、12个入围奖；第三届面向全国高校，到第七届，视觉传达设计专业学生在包装设计类别中获得1个金奖、1个银奖、9个优秀奖、4个创意奖、5个佳作奖、13个入围奖。下面是学生在包装设计类的获奖作品（图3-6~图3-12）。

结构图（单位：cm）

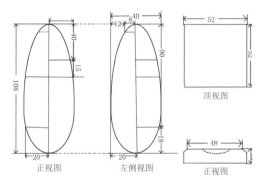

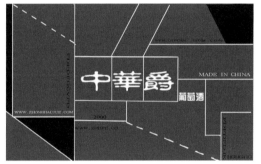

图3-6/2006年中国印·全国高校创新设计大赛/银奖/中华爵葡萄酒包装（作者：齐智伟/指导：刘秀伟）

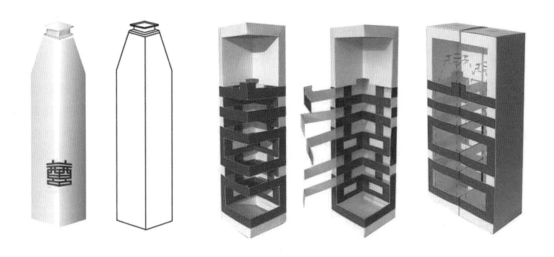

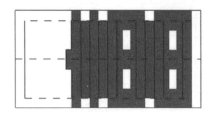

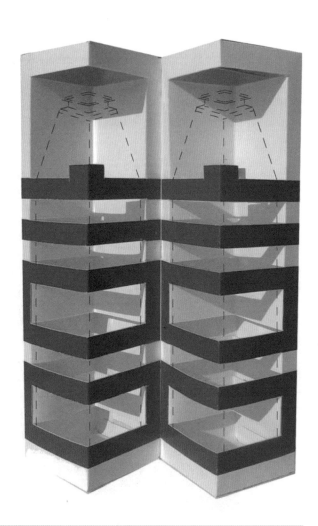

图3-7/2007年中国印·全国高校创新设计大赛/金奖/喜酒包装（作者：孔盈/指导：刘秀伟）

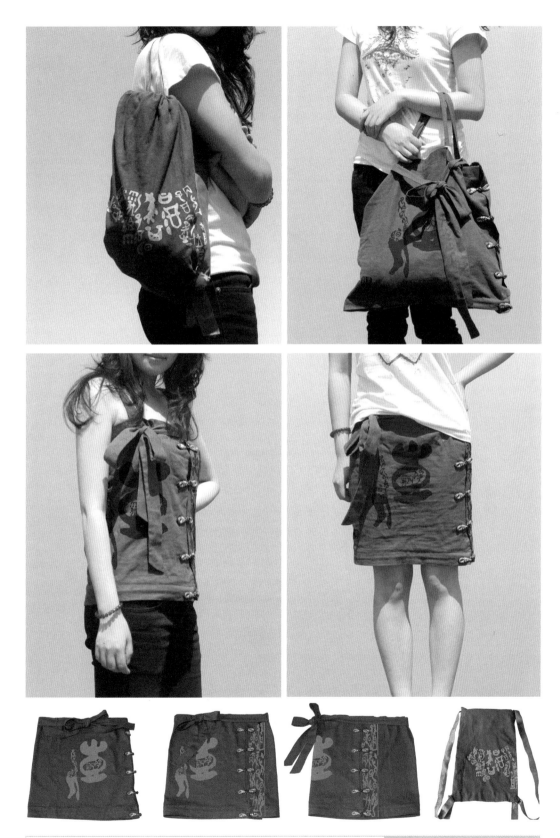

图3-8/2010年中国印·全国高校创新设计大赛/金奖/艺态包装（作者：乔羽/指导：刘秀伟、张禹）

图3-9/2013年中国印·全国高校创新设计大赛/创意奖/噬储蓄罐包装（作者：王添碧、魏文俐/指导：刘秀伟）

图3-10/2016年中国印·全国高校创新设计大赛/银奖/1+1=1融合天然矿泉水包装（作者：温旭/指导：刘秀伟）

图3-11/2018年中国印·全国高校创新设计大赛/优秀奖/思甜良果农产品包装（作者：张鑫/指导：张禹）

图3-12/2018年中国印·全国高校创新设计大赛/优秀奖/"薰花花"烟熏画包装（作者：薛佳慧/指导：刘秀伟）

第四章 | 包装设计要素

　　随着经济社会的高速发展和生活品质的提升，包装设计在商品销售过程中越来越受到消费者和商家的重视。特别是在超市中，货架上提供的商品种类繁多，包装已成为传达产品信息的重要载体，是区分同类商品不同品牌的重要标志。正如人们常说的一样，"包装是无声的商品推销员"，商品包装是消费者对商品的视觉体验，研究不同消费群体的心理特点，结合包装诉求，依据包装设计元素"改造"或者"创造""量身定做"商品的包装能帮助企业在众多竞争品牌中脱颖而出，提高销售份额。现代社会已经到了"凡商品必包装"的层面。商品的包装设计已经从独立于商品之外的附属物成为商品的一部分，从单一的保护功能演化为品牌的载体之一，创建专属于品牌的包装文化。俗话说："人靠衣装，马靠鞍"，再好的产品想转化为商品，都要靠包装。包装设计应根据其包裹物品的物理状态——固体、液体、气体三种形态，选用合适的包装材料，运用巧妙的制作工艺和设计元素，为产品转化为商品而进行设计工作。包装设计要素包括：文字、色彩、商标、图形、商品条码等（图4-1）。

图4-1/2020年Pentawards大奖赛金奖/ANI乳制品包装设计/Backbon品牌工作室/亚美尼亚

设计团队　品牌策略：斯蒂芬·阿瓦涅斯扬（Stepan Avanesyan）
　　　　　创意总监、设计：斯蒂芬·阿扎里扬（Stepan Azaryan）
　　　　　项目管理：梅里·萨格森（Meri Sargsyan）
　　　　　美术指导、插图：马里亚姆·斯蒂芬扬（Mariam Stepanyan）
　　　　　文案：格雷斯·杰瑞坚（Grace Jerejian）

设计洞察　随着乳制品品牌数量增多，亚美尼亚乳制品市场上竞争十分激烈。通过市场分析，设计师们发现，市场上的乳制品品牌处于同质化竞争之中。绝大多数品牌都在模仿自己的竞争对手，品牌之间的标志从颜色到图像元素几乎没有区别。从创意的角度来看，这些乳制品公司选择的设计方案与它们品牌本身关联性不强，缺乏有效的宣传效果。阿尼（ANI）品牌在亚美尼亚具有悠久历史，是市场认知度较高的品牌。此次，它希望重塑品牌。由此，设计师们的任务是创建一个有效的解决方案。

解决方案　在品牌重塑过程中，市场调研可以帮助设计师们准确定位设计方向，从而提出有效的设计方案。在设计概念和完成阶段，消费者行为研究路径与数据采集、分析和评估十分重要。设计师们将已经开发完成的几种包装进行测试。然后，根据测试研究结果提取消费者最为认可的概念，并对其进行修改和定稿。此外，新设计应该反映出产品本身的高质量特征，让消费者第一眼看到包装就能清楚地知道该产品是纯天然的乳制品。最终，设计师们必须要建立起阿尼品牌与消费者的情感关系，实现"指牌"购买的结果。为了做到这一点，设计师们必须结合品牌内在精神做好外部形象延伸，创造迷人且富有魅力的形象。

最终效果　在亚美尼亚乡村文化中，奶牛是人们生活中的重要角色。几千年来，奶牛始终都在为人们服务着。因此，村民们常常会给奶牛起一些亲切、有趣的名字。例如吉兰（Jeyran意为鹿）、西润（Sirun意为美丽），而最受欢迎的名字是扎吉科夫（Tzaghik Kov意为花花），指美丽的斑点奶牛。设计师以此为理念，用花朵和青草代替了奶牛身上的斑点。这不仅表达亚美尼亚人对奶牛的美好情怀，还表现该品牌的奶牛以青草和鲜花为食，生产高品质乳制品。设计师们为了讲好"花牛"的故事，插画中加入了调皮的黄色小鸡。花朵、青草和小鸡，描绘了一个没有污染的、健康的乡村环境。它们也和包装整体的纯白形成鲜明的对比。此外，新徽标参考了奶牛身上的黑色斑点，不仅致敬奶牛，还使白色的文字更易于阅读。这一系列新的包装推向市场后，该品牌旗下所有产品的销售额都有了可观的增长。由此可见，良好而成功的视觉传达策略不单单作用于视觉层面，对于产品的销售和知名度都有着直接的影响。

一、文字与包装设计

文字是传达思想、交流感情和信息，表达某一主题内容的视觉识别符号。在包装设计中，文字更像是一个窗口，向消费者展示商品的价值，表达促销功能，还是商品与消费者沟通的纽带。文字在包装设计中运用得是否适宜，是影响商品销售的一个重要因素。

1.文字在包装中的作用

文字在包装上同时起着两个作用，一是商品的提示和介绍作用，二是表现商品的作用。文字在包装上是以一种视觉形象元素出现的，是整个包装设计构思、构图的一个重要组成部分。设计包装时必须把文字作为包装整体设计的一部分来统筹考虑。

任何包装都离不开文字。包装设计上可以没有图形，但却不能没有文字，包装上清晰、醒目、生动的文字是抓住消费者视线的重要手段。它能起到画龙点睛的作用，所以，文字的编排，字体的大小、长短、轻重都在整体设计上起到决定性的作用。如果文字编排欠妥、主次不明、位置不当、造型不美，就会破坏包装的整体感，导致设计的失败。

2.包装设计中文字类型

包装设计上的文字主要由四部分组成：主体文字、说明文字、资料文字和广告文字。

（1）主体文字

主体文字包括：品牌名称、产品名称和生产单位名称及地址。它们是包装设计中主要的视觉表现要素之一，一般被安排在包装的主要展示面上。因此，主体文字无论在面积、位置、色彩上都占有重要地位。通常来说，产品名称是包装设计上最重要的文字之一，在字体设计形式上要富有鲜明的个性和丰富的内涵，要与商品的内容、性质相符合，应有助于体现产品的个性特征。通常是在印刷字体的结构基础上进行再设计，以增强文字的内在含义和表现力。

（2）说明文字

说明文字，主要是详细描述产品的用途、注意事项、使用和维护方法等，文字内容简单明了。在设计中应使用易读、规范的印刷字体，且字体类型不超过三种。说明文字一般不编排在包装正面，其中有些文字有相关行业的标准和规定，具有强制性，被称为"规定性文稿"。在许多国家，标签管理规定涉及食品、饮料、保健品、非处方药品、医药品、机械和其他许多产品门类，消费品标签管理机构会着眼于可读性提出各种建议，并针对具体产品门类制定强制性要求。

（3）资料文字

资料文字包括：产品成分、容量、型号、规格等，编排部位多在包装的侧面、背面，也可以编排在包装的主展面，例如，酒标的度数、香皂的香型等。字体要用规范的印刷字体。

（4）广告文字

广告文字包括宣传产品特点的推销性文字和提示性文字，例如，对花色品种、味道、特色或益处等进行介绍。一般编排在包装的主展面上，视觉层次与产品名称在同一层面，通常根据产品销售宣传策划灵活运用。这类文字并不是所有的包装上都有，它具有一定的促销目的，字体设计上要生动活泼、形式多变。在内容上应做到诚实、简洁、生动、切忌欺骗与绕口。

3.包装设计中字体类型

在包装设计中，文字字体以视觉传达迅速、清晰、准确为基本原则，以采用标准的、可读性和识别性强的字体为主，一般不要进行过多装饰变化。包装设计，有各种不同的字体类型。但基本上可分为三大类：一是印刷字体，二是书写字体，三是装饰字体。选择合适的字体不仅可以很好地传达产品信息, 还可以提高包装的可识别性。

（1）印刷字体

印刷字体的字形清晰易辨, 在包装上的应用十分普遍。包括: 中文字体和拉丁字体。中文印刷字体在包装的主体文字中主要用老宋体、大标宋、黑体和圆头黑体（图4-2）; 在说明文字和资料文字中主要用宋体、幼圆和细等线（图4-3）。拉丁字体在主体文字中主要用瑞士体; 说明文字和资料文字中主要用罗马体。不同的印刷字体具有不同的风格, 对于表现不同的商品特性具有很好的作用。

老宋体 大标宋
黑体 圆头黑体

图4-2/主体文字使用的汉字印刷字体

宋体 幼圆
细等线

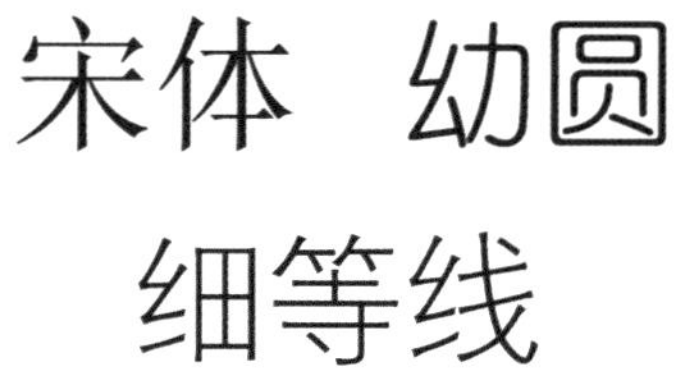

图4-3/说明文字、资料文字使用的汉字印刷字体

（2）书写字体

书写字体具有很好的表现力, 体现了不同的性格特点, 是包装设计中的生动语言。在我国传统商品上适用于此类字体, 如酒类、茶叶和土特产品等包装设计上。书写字体包括: 软笔书法字体和硬笔书法字体。书法字体, 就是书法风格的分类。共有五个大类, 行书字体、草书字体、隶书字体、篆书字体和楷书字体（图4-4）。在每一大类中又细分若干小的门类, 例如, 隶书又分秦隶、汉隶、魏隶, 草书又有大草、小草、章草、今草、狂草之分。

图4-4/书法字体

（3）装饰字体

装饰字体是包装设计中运用最为丰富多变的字体。装饰字体的形式多种多样, 其变化形式主要有三种: 外形变化、笔画变化、结构变化等。针对不同的商品内容应做有效选择。如果把文字当作辅助图形来运用, 在设计中仅起装饰作用时, 这时文字的作用已转换为图形符号, 其可读性和识别性均可忽略, 而只注重于艺术装饰效果（图4-5）。

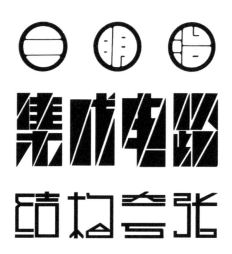

图4-5/装饰字体的三种变化形式

4. "线" 化文字

线是点移动的轨迹。首先我们把包装设计上的每个主体文字假设成一个大点，由大点组成的产品名称在包装上就是一条粗线，在位置、面积及空间上占绝对优势；然后将容量、型号、规格等资料文字和广告文字，假设成中间层次的点，由它们组成一条或者几条较粗线条，在包装上占次要位置；最后是说明文字，将其假设成最小的点，由它们组成很多条细线，而后这些细线再组成一个灰度统一面，放在下面或侧面不重要的位置上，在包装上能起到陪衬和过渡的作用（图4-6）。

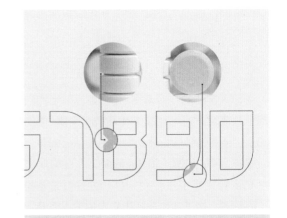

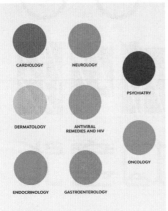

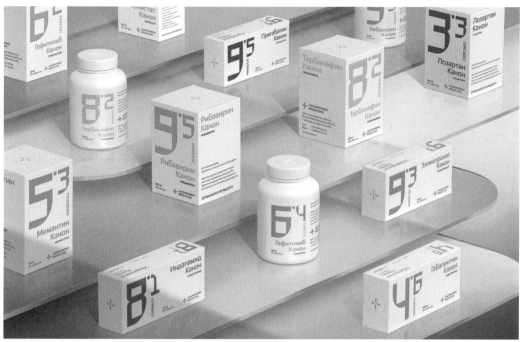

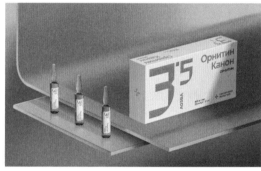

图4-6/2020年Pentawards大奖赛金奖/Canonpharma药品包装设计/Repina 品牌设计工作室/俄罗斯联邦

设计团队　创意总监：瓦莱里亚·雷皮纳（Valeria Repina）

美术指导：安瓦尔·库尔巴诺夫（Anvar Kurbanov）

设计师：阿列克谢·扎布罗丁（Alexey Zabrodin）

客户服务：阿加塔·苏利戈夫斯卡（Agata Suligovska）

三维设计：尼基塔·布尔加科夫（Nikita Bulgakov）

CG插画：阿列克谢·科勒（Alexey Koler）

动态设计：亚历山大·菲拉托夫（Alexander Filatov），亚历山大·亚里什（Alexander Yarysh）

设计洞察　俄罗斯联邦的佳能法玛（Canonpharma）制药公司邀请重塑品牌（Repina Branding）设计工作室为它们所有仿制药系列开发包装设计。设计师通过市场调研发现，仿制药是非原创性的，只是对原研药的主要成分进行复制，在包装设计上无法体现它独有的特点。因为，来自不同公司的药物名称是相同的，不仅是消费者很难识别它们，药剂师在仓库中也很难找到它们。反过来，虽然仿制药的研发成本比原研药低，但是制造商也还是需要投入大量的资金，遗憾的是它们不知道如何包装新产品。

解决方案　设计师们为佳能法玛制药公司的仿制药品包装设计了一套具有便利性和功能性的系统，彻底解决了药物区分困难的问题。该设计系统基于颜色编码和编号，可以使药剂师在多种药物和剂量中轻松找到需要的药品。设计师们为每个药理学组设定了一种颜色，并且对每个组别中所有药物的列表进行了系统化处理。第一个数字代表药理学组中的药物编号，小数点后面的第二个数字代表剂量。因此，患者来到药房后，只需告诉药剂师组别和编号的数字即可。由于该设计系统主要是数字导航识别系统，设计师们非常重视数字符号整体设计，需要在能够清晰阅读的情况下，同时具有独特的品牌识别特征。每个数字的设计方法是：整体外形为方直造型，数字的转折处提取罗列药片后产生的造型和单独一个药片的弧线造型，基于硬和软的造型对比，体现了先进技术与客户服务相结合的理念。

最终效果 在这个项目中，设计服务将复杂的药理学组和剂量数字化，以突出的颜色编码与编号为主视觉，让用户能迅速掌握对应的药品信息。首创的字体具有未来感和趣味性，而时尚感极强的配色与内容排版，很好地吸引了消费者的目光，形成品牌独特的视觉符号，将健康和幸福更加紧密地联系在一起。

二、色彩与包装设计

色彩本身只是一种物理现象，但是人们的切身体验表明，人类能够感受到色彩的情感。因此，色彩是影响视觉与感觉的最活跃的因素，是视觉的第一印象。在包装设计的诸要素中，色彩可以说是最重要视觉元素，也是销售包装的灵魂。色彩有明显区别于其他产品包装的视觉个性，具有引导消费、增强人们对其商品记忆的魅力。

1.色彩在包装中的作用

色彩在包装上的作用在超级市场里体现得最明显。在超级市场有上千种商品摆放在那里，我们在同类商品的选择上，当然是首选那些令我们赏心悦目的包装，由此可见，包装给人的印象就是色彩的印象，它能使人产生注意力，有助于消费者产生购买的欲望。

(1)传递商品形象

商品包装的色彩的设定应该有一个完整的色彩计划，在商品发展的不同阶段，推出相对应的色彩形象设计。而每个阶段的色彩设计均要有特定的意义和作用。例如，雀巢咖啡包装上的色彩，一开始推出的仅有红色包装的原味咖啡，单一的色彩强化了品牌识别与传播效果。待商品明确了自身领域的影响力以后推出奶香咖啡，

对比之前的包装色彩，该包装有牛乳与咖啡混合的视觉冲击，让消费者可以迅速了解产品的口感。而特浓型咖啡包装上的色彩，色调接近咖啡豆本身的颜色，表明这款咖啡口味更苦。此外，制造商推出同一品牌不同档次的商品时，常用色彩代表商品的档次。

(2)加深商品印象

色彩能起到加强记忆的作用，人们在不同的场合收到同一种信息刺激后，会形成比较牢固的记忆。包装设计就是运用独特的色彩反复传递同样的视觉信息，让商品给消费者留下深刻的记忆，进而在心中留下印象。例如，提问红色包装的饮料有哪些，可能绝大多数的答案是可口可乐。这也是可口可乐用红色创造的品牌文化和包装文化。

(3)刺激购买欲望

在市场化、商品化、品牌化的时代，色彩是影响消费者情绪的一个重要因素，在包装设计上合理地运用色彩，是视觉营销成功的重要支柱。包装设计中先声夺人的色彩是主要的艺术语言，是商品整体形象中最鲜明、最敏感的视觉要素，在商品的"海洋"中，能使商品瞬间抓住消费者的视觉，并通过色彩表现加强商品信息的有效传递，与消费者的情感需求进行沟通协调，使消费者对商品产生兴趣，激发其积极的情感，进而

引导消费。色彩诉求与情感需求获得平衡，在消费同等质商品时，消费者更倾向于那些给人美好感受的商品包装，这也是消费者因为心仪的包装而欣然解囊的原因之一。

2.包装设计中色彩种类

从信息的角度讲，包装上的色彩应用一方面是迅速传递商品信息，另一方面是排除市场上其他信息干扰。因此，包装设计要准确地将商品信息展示给消费者，其中色彩设计起着决定性的作用。包装上的色彩层次清晰，不仅能突出表现商品，还能体现色彩与消费者和商品之间的各种联系。在商品包装设计中，色彩要素依据视觉层次分为以下四种。

（1）主体色

主体色是一个商品包装整体视觉效果的重要支撑力量，不仅吸引消费者注意力，还能创建一种商品的视觉记忆符号。要想凸显商品个性，就必须为其设计一个主体色。一般情况下，在选择包装主体色时，通常是利用商品本身的色彩在包装用色上再现出来，除了能展示商品的基本属性，还能使消费者对内在物品有一个基础印象。因此，色彩选择和应用上首先要研究商品调性，其次要从时代的发展和人们的审美趋势变化入手。不同色彩的明度和彩度，能够吸引不同的人群，甚至可以改变消费行为，使用主色调可以发挥商品的自身优势，精准吸引消费群体。

（2）辅助色

辅助色在包装设计中同样重要，它起到烘托、支持和调和主体色的作用。主要功能是帮助主体色建立更完整的形象。只有用好辅助色，才能让主体色更好地呈现出艺术效果，实现更好的视觉层次感。判断辅助色用得好不好的标准在于：去掉它，包装色彩层次不分明，整体形象不完整；有了它，主体色更显优势。

（3）强调色

在商品包装设计上，使用过多的色彩会显得杂乱无章，主体色也不适合全篇使用，想要显示更多的辅助信息，某些重要部分就需要通过强调色配合，进行强化说明来突出希望消费者关注的地方。强调色能起到画龙点睛的作用，明度和彩度要高于或低于周围的色彩，给人以"跳"的感觉，但面积上要小于其他色彩。

（4）背景色

背景色是为图像设置的背景颜色。这种颜色在商品包装外观设计上是占据最大空间的色彩。背景色的设定，取决于商品销售针对的群体和包装风格，因此，选择背景色的时候，设计师要从主体色的基调着手，选择那些彩度较低的中性色，因为这一类色彩往往不太容易引起人们的注意，使消费者始终将注意力放在内容或商品上，进而最大限度地对主体色进行烘托，以实现提升整体形象的设计效果。此外，将黑、白、灰、金和银作为背景色都能突出包装设计上的主体色，让整个包装比较醒目。

3.包装设计中色彩特性

色彩与商品间的关系非常密切，包装上的色彩能够直接表现商品特点，揭示内在的包装物品，使人们看到外包装就能够基本上感知或者联想到内在为何物。由此，商品包装在设定一种或是一套色彩方案时，这些颜色要能让顾客产生特定的情感联想，进而了解商品要想表述的信息内容。例如，咖啡的产品包装设计，消费者可以根据颜色来分辨咖啡的口感。红色包装的咖啡，代表最正常的咖啡，味道一般比较厚重；黑色包装的咖啡，属于高品质及较高浓度的小果咖啡；金黄包装的咖啡，代表荣华富贵，表明是咖啡中的极品；蓝色包装的咖啡，一般是没有咖啡因的咖啡，适合夜间饮用；绿色包装的咖啡，属于早餐咖啡，也是酸味咖啡（图4-7）。

图4-7/ Bonmano咖啡包装/伊朗

（1）色彩的注目性

在包装设计中，由于货架上展示的商品数量多，大多会使用醒目的色彩或者对比强烈的配色计划，以求能够在众多商品中凸显出来，因此，在包装设计的配色的过程中最重要的就是色彩的注目性。

色彩的注目性是指色彩引起消费者注意的程度。色彩的注目性除了受纯粹的视知觉影响，也受情感因素影响。高明度、高彩度、暖色系列的色彩注目度高，对观者的视觉冲击明显。低明度、低彩度、冷色系列的色彩的注目度低，对观者的视觉冲击效果也弱。所以，好的包装配色计划可以增加包装的视觉认知度，提升包装色彩传达的层次感。

① 色彩的数量控制：包装设计用色一般不超过三种，五颜六色的色彩虽然丰富，但会显得杂乱，在一定空间距离视觉强度会减弱。从心理学角度看，一套色比二套色的传递速度更快，包装设计用色少、主次和层次分明，给人简洁的整体效果。

② 使用较高明度和彩度的色彩：所谓"视觉冲击"的强弱，指的就是颜色在明度和彩度上的差异。一般情况下，高明度、高彩度的色彩能见度较大。当然，这并不是说不能用低彩度或者低明度色彩，如果将低彩度或者低明度色彩与高彩度或者高明度色彩适当搭配，效果也会很好。

③ 环境因素：商品包装摆放在一起，你设计的商品包装与周边商品的色彩会产生对比关系，如果色彩有反差，或他者起到烘托作用，也是引起注目性的一个重要因素。

（2）色彩的从属性

包装设计上的用色要从属于商品。也就是我们常说的内容决定形式，形式为内容服务。不同的商品有着不同的属性和特色，包装设计用色可以表达设计师对商品的理解，体现设计师的审美感受和创新发展意识。因此，包装色彩的设定，可以根据不同商品内容将其外化成可视色彩，即使用不同的色彩进行包装设计，进而引导消费者"阅读"。例如，食品类的商品，适合使用红色、橙色等暖色调搭配，以突出食品的营养新鲜，让消费者感受到收获和成熟；药品类、洗涤类商品包装的设计色彩，适合使用蓝色、绿色等冷色调，给人以镇定、止痛之感和清爽、干净、自然之感等。只有包装设计用色与包装内容协调统一，才能获得消费者认可。只看到色彩，消费者就能知道是哪一类商品，才能有效地刺激大众消费。

（3）色彩的个性

不同人有各不相同的个性，不同的商品包装也要体现出不同的个性。从心理学角度分析，消费者都有猎奇的心理，个性化的包装设计不仅可以使其在同类商品中凸显出来，还能够满足消费者潜在的心理欲望。因此，创新包装色彩是设计师的使命。

① 打破固有的程式化的色彩模式：受固有思维印象和视觉记忆的影响，同一类商品反映在头脑中色彩都会是同类色，如果设计师在同类商品中使用相似的色彩，就会出现雷同。因此，要使商品包装设计用色做到出奇制胜，就要在用色上跳出同类商品的色彩模式，另辟蹊径用各不相同的色彩表现相同种类的商品包装。

② 开发新的色彩领域：依托传统红、黄、青、黑、白为主的"五色观"色彩文化精髓，以敏锐的观察力，根据需要突破某一色的色彩规律，使包装用色在传承与融合的基础上完成创新与超越，寻找传统色彩在包装设计领域新的演绎方式，拓宽传统色彩的应用空间，启迪包装设计思维。

4. "面"化色彩

2008年谷歌设计团队提出"扁平化设计（Flat Design）"概念。其核心意义是：去除冗余、厚重和繁杂的视觉效果，而在设计元素上强调抽象、极简和符号化。扁平化的设计风格将色彩也赋予了平面化的特点。商品包装设计的色彩一般都是装饰性色彩，这种高度概括的色彩设定，可以让"信息"作为核心被凸显出来。同时，抛弃光线、光影，将色彩从物体的空间结构中解放出来，将色彩作为唯一元素引发消费者情绪，强调精神方面的表达，使色彩的平面化达到极致。包装色彩的平面化、匀整化，是色彩的过滤、提炼的高度概括。包装画面中不同彩度和明度的色块，呈现出一种和谐的秩序，使色彩产生纯感官效果（图4-8）。

图4-8

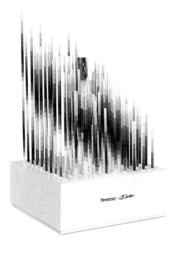

图4-8/2020年Pentawards大奖赛白金奖/轩尼诗V.S.酒包装设计/Appartement 103品牌和包装设计工作室/法国

设计团队　创意方向：朱利安·兹伯曼（Julien Zylbermann），马克·萨维里（Marc Savary）
　　　　　艺术家：费利佩·潘通（Felipe Pantone）

设计洞察　2019年，珍藏版轩尼诗V.S.酒在全球限量发行70件，该包装由轩尼诗与西班牙顶尖街头艺术家费利佩·潘通（Felipe Pantone）合作打造。在诠释这位国际艺术家的原创理念基础上，使其与顾客相关，需要综合很多设计知识。在这个独特的版本中，设计师们用前所未有的概念进行了超越。他们一起寻找高端材料与突破性设计相结合的最终结果，以期真正改变包装设计的游戏规则。

解决方案　这款限量发行的酒包装是一个超级干净、富有光泽的白色聚对苯二甲酸乙二醇酯（PET）盒子。包装盒本身是一个基座，打开盒子后，消费者可将轩尼诗V.S.酒置于基座上，然后利用盒内提供的莫列波纹网状杆，在盒盖上方进行自由的排列、组合，打造出属于自己的"费利佩·潘通装置"。而特别定制的轩尼诗V.S.酒瓶无疑是其中最大的亮点，瓶身采用最新尖端数字技术进行四色印刷，实现了独特的图形元素及纹理。消费者可以按照自己的意愿将其放置在中心基座上，并移动和互换以改变瓶子的光学效果。

最终效果　这款轩尼诗限量版艺术家联名V.S.酒包装中，最引人瞩目的不是一些常见的独具"奢华感"的元素，而是别出心裁地将费利佩·潘通标志性的电子脉冲、光谱、错视、失真、矩阵、3D、明亮的彩色以及对比鲜明的黑白色等元素融入轩尼诗V.S.酒瓶及其包装盒和配件中。这件炫人眼目、独具未来感及互动感的包装设计一经推出就引起非常大的反响。

三、商标与包装设计

进入消费领域的包装设计，每一个设计元素都会影响消费者的审美体验。商标设计和包装设计一样，都是以美为目的的设计语言。相对于包装设计的美，商标设计不只是追求美，而是要遵照商标法规，考虑设计的合法性、合理性。再者，它们的设计目的不同。商标是一个企业或品牌的识别图形，它可以应用在该企业或品牌的各个地方。包装设计是针对该企业旗下某一种商品的外化形象设计，其设计理念可以融入企业文化元素或地域属性，也可以根据商品属性进行创意延伸。此外，商品包装会因商品的迭代更新而"换装"，而商标设计注册完成后，一般不会推翻重来，最多是在原有基础上进行设计调整。

1.商标在包装中的作用

商标作为商品包装中必不可少的元素，除了起到表明商品主题、突出商品品牌的作用外，对于加强系列包装的统一性、强化商品识别性和防伪等方面都有着不可替代的作用。此外，还可以延伸其辅助图形应用于包装设计上，借助独特的视觉符号将包装内容以视觉形式展示给消费者，提升品牌认知度，促进商品销售。

（1）便于商品流通

商标能方便消费者区别不同生产者或经营者销售的商品，也便于商业部门细致地了解消费者的需要，从而合理地组织货源和调动商品。

（2）提高商品质量

商品的质量是信誉的基础。利用商标做商品包装上的图形，可以增强商品品质的可信度。名牌就是在消费者对某种商品质量有较广泛认同的基础上产生的。

（3）开展国际贸易

高质量商品的商标，对树立商品信誉、开辟国际市场，更有不可低估的作用。

2.包装设计中商标特性

以商标作为主要元素的商品包装设计很常见，它们借助商标符号的独特形式和风格进行构思、组合，搭配简单的背景，让商品包装达到简洁大方、识别性强的效果。对商品商标和包装进行设计，必须确保商标和包装能够满足商品标准及相应的法律法规的要求。

（1）专用性

商标不是一般性的标志，它是商品包装设计上的专用符号，也是指它的专用权，即他人不得侵犯的独占使用权。专用性也叫专用权，包括三个特征：排他性、地域性、时间性。商标在包装上不仅是商品的识别符号，也是一种知识产权的标志，是设计师脑力劳动的产物。同时，它作为一种知识产权，受法律保护。

（2）依附性

商标是使用在特定商品包装设计上的标记，起着识别商品来源的作用。商品生产者、经营者依靠商标树立品牌信誉；消费者凭借商标选择商品。因此，商标具有依附于商品的从属性，不能与商品分离。

（3）显著性

显著性是简明性的视觉效应，是易于区别同一类商品（相同商品和类似商品）的不同质量、不同生产者和经营者的可识别标记。《中华人民共和国商标法》第九条规定："申请注册的商标，应当有显著特征，便于识别，并不得与他人在先取得的合法权利相冲突。"显著性的另一层含义是构图的特殊性，是为了加强商标的识别力、记忆力、传达力。

（4）独创性

独创性是由独特性、创造性、新颖性融合而产生的。不仅包括图形构思的独创性，而且还包括立意（即命名及其含义）的独创性，以及二者的统一。设计独创性商标不是一件轻而易举的事，往往要经过反复推敲、多次修改才能做到。

3.包装设计中商标类型

商标是一个专门的法律术语。它是一种特殊的符号，是企业、机构和商品的象征形象。商标设计不同于一般美术设计，它隶属于实用工艺美术范畴。商标设计是通过富有哲理的思考，将抽象设计概念感性化、变换形式、加以沉淀，逐步转化为具体的形象设计。

随着商品经济的发展，商品的品种越来越多，商标在包装设计上的使用也更加广泛。我们根据商标结构进行分类，可以划分为文字商标、图形商标和图文综合商标三种形式。

（1）文字商标

文字商标是指只用文字（汉字、拼音字母、外文文字或字母和少数民族文字）、数字构成的商标。文字商标是最为常见的类别之一，由于其便于呼叫，消费者能够直观地了解文字商标传递的信息，且视觉效果良好，大多数企业会优先选择文字作为商标注册和使用。文字商标的种类：一是由带有一般含义的词语组成的商标；二是由不带含义的创造性词语组成的商标；三是由两个或几个带有一定含义的词语简化拼合而成的商标。

（2）图形商标

图形商标是仅由图形构成的商标，不存在文字、数字及字母等构成元素。图形商标既具有易于识别性，容易给消费者留下深刻的印象，又有其不便呼叫的缺点。图形商标不受语言限制，不论在什么国度，消费者只需看图即可识别。图形商标的种类：一是具象图形商标，例如风景画、人物肖像、动植物等；二是抽象图形商标，例如某种记号、符号等。

（3）图文综合商标

当象征图形和文字结合在一起，就是我们所说的图文综合商标。图形和文字虽然是两个截然不同的元素，但用得好可以使图片传情、文字达意。图文综合商标具有图文并茂、形象生动、引人注意、容易识别、便于呼叫等优点。图文综合商标的种类：一是图文分离，图是图，文是文；二是图文组合，先看是图，再看有文。

4. "点"化商标

　　根据《中华人民共和国商标法实施条例》第二章第十三条规定,商标图样应当清晰、便于粘贴,用光洁耐用的纸张印制或者用照片代替,长或者宽应当不大于10cm,不小于5cm。商标因其在相对较小的空间里表现出来,常被称之为"方寸之间"的艺术。当商标应用于包装设计上时,设计师要考虑商标色彩与包装整体色调之间的对比关系,并以"点"的形式应用于包装设计中,让商标起到"画龙点睛"的作用(图4-9)。

图4-9/2019年Pentawards大奖赛银奖/Boon Bariq蜜饯包装设计/Backbone品牌工作室/亚美尼亚

设计团队　创意总监:斯蒂芬·阿瓦涅斯扬(Stepan Avanesyan)
　　　　　项目经理:梅里·萨格森(Meri Sargsyan)
　　　　　设计师:斯蒂芬·阿扎里扬(Stepan Azaryan),伊丽莎·马尔卡辛(Eliza Malkhasyan)
　　　　　插图画家:埃琳娜·巴塞格扬(Elina Barseghyan)

设计洞察　亚美尼亚骨干品牌（Backbone Branding）工作室应当地制造商之邀，为一款新的果酱品牌进行包装设计。考虑到果酱市场上竞争激烈，设计师们必须打造一款特别的产品包装来突破同质化的行业困境。设计师提炼该产品区别于竞争对手的三个独特优势：①制造商开发了一种新的水果保鲜配方；②从特选的果园里采集新鲜原材料；③制造商在产品中增加天然成分，使水果和浆果的占比更高。"天然、保鲜、高比例的水果成分"，设计师将这些卖点注入品牌概念和设计之中。

解决方案　设计师们通过调研发现，许多果酱品牌标签设计的方法是占用玻璃罐的四分之一或者一半面积展示果酱品牌、介绍产品信息。于是设计师们在品牌研究和头脑风暴中，针对如何在包装中传达"高比例的水果成分"这个卖点上，找到了一个简单有效的解决方案——用果皮包裹整个玻璃罐。因为，走进果园或超市，你会被那些琳琅满目的水果吸引。水果自身的外观、色彩在这里就是最好的包装设计。于是，设计师们将果皮概念移植到包装上，让产品直接变成一个"实物"。从技术层面上讲，可以通过使用收缩套来实现。它使设计几乎覆盖了整个广口瓶体，消费者可以通过透明的底部看见产品。

最终效果　该包装与大众市场上果酱包装设计有很大不同。它在货架上有独特的视觉冲击和辨识度，解决了制造商作为市场新参与者所面临的两个问题。首先，凭借丰富多彩的外观设计，使它在同类产品的货架上脱颖而出。其次，果皮设计与产品的自然本质产生共鸣，完美传达了产品"天然、保鲜"的核心概念。顶部的打孔处，能让消费者在不破坏整体包装的情况下打开玻璃罐。黑色盖子上的彩色徽标与罐中产品口味的色彩相呼应。徽标以"点"的形式放置在收缩套标签上，采用众所周知的香蕉贴风格，就像贴了标签的水果一样。此外，品牌名称也体现了包装概念。在亚美尼亚语中，"Bariq"一词的意思是"礼物"，而"Boon"一词的意思是"真实"或"精确"。因此，品牌名称是"真正的礼物"，或者在农业背景下可以称之为"自然的礼物"。

四、图形与包装设计

在包装设计中，图形具有直观、生动、易懂和表现力丰富等优点。包装设计中的图形元素多种多样，它们通过各不相同的图形语言，将商品内容和信息传达给消费者，凭借图形在视觉上产生吸引力，加强消费者对商品的印象，进而引发购买行为。因此，在包装设计中图形定位准确与否是关键节点。准确的设计定位要求设计师必须熟悉和研究商品全部内容，其中包括商品的属性、商标、品牌名称的含义及同类产品的现状、消费者的行为习惯、潜在的心理需求等诸多因素。

1.图形在包装中的作用

包装视觉形象中的图形主要是指商品实物形象、原材料形象以及相关辅助装饰图形等。它在包装设计中的地位和作用是不可估量的。大胆地把图形文化融入包装设计中，才能使产品转变为商品，增强设计的经济效益。使包装中的图形设计不再是一种简单的存在形式，起到锦上添花、提升商品竞争力的作用。

（1）视觉效应

视觉产生首因效应，图形的视觉传达功能在包装设计中起着重要作用，消费者选择购买商品时，会看包装设计。"图"最能表现出"看"的本质，是最具视觉表现力与感染力的设计语言。图形在包装设计中将"图"（描画出来的形象化的作品）与"形"（物成生理谓之形）结合起来，不仅具有美化和装饰作用，也是最容易被认知的视觉要素，以实现包装设计中良好的视觉效应。

（2）再现作用

包装设计中的图形具有商品再现作用，商品再现可以让消费者通过包装上的图形知道里面商品的样貌。通过这种相对比较直接的视觉语言，能让有需要的消费者直接购买这种商品。再现形式通常可以运用具象图形或写实摄影图片表现出来。例如，食品类包装上为体现食品的美味感，往往直接将食物的照片印刷在商品包装上，以此来加强消费者购买欲望。

（3）象征作用

在1955年的消费者个性研究中，西德尼·莱维认为，消费者不是功能导向的，消费者行为在很大程度上受商品蕴含的象征意义的影响。美国图形大师菲利普·B.梅格斯认为，如果图形设计不具有象征的词语的含义，则就不再是视觉传播，而成为美术了。在很多情况下，消费者购买商品不仅是为了获得商品所提供的功能效用，而是要获得商品所代表的象征性价值。换句话说，消费者购买商品不仅为了它们能做什么，而且还为了它们代表什么。符合消费认知习惯的包装图形，会让消费者愿意购买。而消费者对商品的认知始于图形散发出的象征效果。图形的象征作用在于暗示，虽然不直接或具体地传达信息，但暗示却是强有力的，甚至会超过具象的表达。

（4）联想作用

包装图形具有商品联想作用，例如，消费者以图形或照片为媒介，了解商品外形信息，"触景生情"唤起类似的购买经历，从事物的表象想到另一事物的表象。一般情况下，主要通过商品外形特征，使用以后能达到的具体效果，商品的静止状态和使用状态，商品的构成和包装成分，商品的产地、故事、历史以及风俗等方面进行图形设计，来描绘商品内涵，打动消费者。

2.包装设计中图形分类

图形设计要素是包装视觉形象设计中不可缺少的部分，直观性、有效性、生动性的图形，以其形象单纯、便于记忆的优点，吸引和说服消费者购买它"包裹"的商品。我们将商品实物形象、标志形象、原材料形象、使用示意形象、象征形象、辅助装饰形象等，根据艺术表现手法主要分为具象、抽象和装饰图形三类。

（1）具象图形

具象图形侧重于忠实表现客观物象的自然形态，是一种比较直观的视觉符号。在包装设计中的具象图形注重直观性、真实性、亲和性等情感方面的诉求，主要通过摄影图片、商业插画或计算机合成图形等表现方法，直观具体地把商品形象，内在、外在的构成因素表现出来。

① 摄影图片：摄影图片是包装设计中最多也最常见的表现手段。摄影图片形象逼真、色彩层次丰富，能真实地表达商品质感、形状及静态表现。伴随着摄影技术和印刷技术的不断进步，特别是数码相机的出现，它直接与计算机连接，既能快捷高效地确保影像品质，还可以做各种特殊处理，形成多种图形效果。

② 商业插画：插画同样可完整地表现具象图形，是摄影不能替代的绘画手段。写实手绘插画可以传递"温暖"，是有"温度"的图形；数绘插画则以其逼真的图形语言，在视觉表现上不亚于摄影图片。而所谓"绘声绘色绘形"不是纯客观地写实，是根据主题要求加以取舍，既可高度写实，又可归纳简化，更可夸张变形，使形象比实物更加单纯、完美，提高包装设计的艺术魅力和现实价值。插画以其艺术性、变通性、多样性和亲和力深受消费者的青睐。

③ 计算机合成图形：随着互联网的迭代，与电子计算机相伴相生的数字化设计技术应运而生。它让许多包装设计上不可能出现的图形成为可能。设计师绘制的矢量图可以无限制放大；联合图像专家组(Joint Photographic Experts Group，缩写JPG)图像文件格式的具象图形可以分层表现出来；商品的静态图形可以和动态图形放置于同一个包装画面中。

（2）抽象图形

抽象图形是单纯地表现对象的感觉和意念，是从自然形态和具象事物中剥离出来的高度概括的图形，属于超出了自然形态的人为形态，具有深刻的内涵和神秘感。抽象图形在包装设计中表现手法自由、灵活，形式多样，它们虽然没有直接的含义，却有着间接的联系，通过直、曲、方、圆的变化引导消费者产生多种联想。造型简洁、耐人寻味的抽象图形是现代包装设计中体现时代感的一种表现方式。

① 理性图形，也称人为抽象图形。利用点、线、面三个基本的造型元素和圆形、方形、三角形三个基本的造型形态，运用美的形式法则创造出具有理性的秩序感的抽象图形，表达一些无法用具象图形表现的现代概念。

② 感性图形，也称偶发抽象图形。这种图形是不可预知度极高的图形，虽然也是人为设计出来的，但形象更具偶然性，它兼有抽象、变化、不规则造型和质感等特点。例如，水墨印记、肌理痕迹、自由喷洒、点滴、火烧、色彩渲染等以及计算机绘制各种想象中的电波、声波、能量运动等构成的充满自然魅力的自由形态。

直接利用抽象图形元素进行包装设计要确保消费者能够理解抽象图形的含蓄表达，间接了解商品特性。

（3）装饰图形

装饰图形是以自然形态为媒介，进行主观性的概括描绘，不受光感、透视、对象自身结构的限制，强调平面化、装饰性。设计师根据创意和对物象的感受，采用归纳、夸张、简化、象征、寓意等抽象的艺术语言进行创作。装饰图形拥有简洁、明晰的物象特征。包装设计中要注意不要随意使用装饰图形，而应配合商品特色、档次、属性加以区别使用，其中包括对传统装饰纹样的借用。诚然，适当地运用具有民族韵味的装饰图形，包装设计会体现出强烈的民族性、传统性和民族文化气息。应用时一定要注意与现代设计观念的结合，不是照搬、照抄，而是从传统中吸取精华，在保持传统格调的基础上使其成为现代设计的新元素，形成新的民族图形。包装设计中的装饰图形可以快速建立品牌的视觉优势。

3.包装设计中图形特性

与文字、色彩和商标相比较，图形也是包装

设计中不可或缺的要素。虽然对图形的注意力仅占人视觉的很小一部分，但随着时间的增加以及消费者与商品之间可视距离的缩短，图形吸引视觉的作用会陡然上升，合理有趣、逼真诱人的图形设计会激发消费者进一步阅读的兴趣，直接引发消费者的购买欲望，所以，图形设计主导着包装的成功与失败。商品外包装上千姿百态的图形语言，具有独特意义和表现特征，虽然看似千变万幻，可是万变不离其宗，总体来看图形的特征可概括为直观性、地域性、竞争性、情趣性等四种。

（1）直观性

图形是一种简单而单纯的语言，直观的图形仿佛真实世界的再现，具有一定的引导性、指向性、可观性。直观性的图形在商品包装上有三种表现形式：一是产品实物形象图形；二是商品成品形象；三是商标图形。

① 产品实物形象图形：在包装上以商品真实的外貌，例如外形、色彩、材质等直接表现出来，让消费者获得真实的感受，是包装图形设计中最常用的表现手法。图形作为设计语言，在包装上呈现出来，是要经过设计师深思熟虑、反复推敲，并通过设计实践而得来的。设计师可以将商品形象和盘托出，也可以利用特写的表现手法，放大展示商品的某一局部特征。整体与局部相比较，商品整体形象更直接有效，认知度较高，能让消费者直接看到真实的商品。而局部特写则更能突出商品的个性，展现商品的诱人之处。此外，在包装上"开天窗"直接把商品展示出来，是一种特殊且有效的商品实物表现方式。

② 商品成品形象：有些商品成品形象与实际使用时的形状或形态有所不同，包装设计上展示消费商品时真实的成品形象和真实情节，有助于消费者了解商品特性。例如，方便面包装图形设计，如果直接展示商品形象，它就是一块带有曲线造型的方形或圆形面饼，很难让消费者乐于购买。而展现已经煮熟的方便面的形象，

再配一些食材，展示不同的口味，给人的视觉感受一定是色香味俱全。这样一碗面呈现给食客的感觉才是饮食文化的追求。

③ 商标图形：商标是商品包装在流通领域和销售领域的"身份证"，是信誉和质量的保证。它以特定的造型和象征性的文字来传达信息。在认牌购物的消费心理越来越明显的今天，在包装设计上凸显商标形象尤显重要。

（2）地域性

每一个地区或民族都有自己的地域文化，也都有自己的特色商品，在包装设计中融入当地代表性的文化符号，包装不但会展现出特定的文化内涵，而且会让消费者在购买前就产生浓厚的兴趣。同时，产地也成为这些商品质量的象征和保证。以地域文化符号为导向的商品包装设计应着重强调对地域符号意义的解读。一草一木，一花一叶，一城一景，世间万物皆有情，将得天独厚的地域资源嫁接到包装设计上，在开发和营销特色商品的同时打造"网红打卡地"。

① 展现人文景观：人文景观又称文化景观，针对标志性建筑、风土人情和民族文化等进行元素提取，使包装设计上的图形元素与当地文化息息相关，使消费者在购买商品时也对当地文化有了更深入的了解。

② 应用自然景观：针对自然景观的界定，国际君友会的释义是可见景物中，未曾受人类影响的部分。群山连绵、孤峰独立、水天一色、姹紫嫣红，大自然带着一种野性的美扑面而来。梳理富有大美的地域风景元素，加以提炼、融合和创造。以陈述性描绘的具象图形或者从具象抽离出来的抽象图形，凸显产品的内涵和魅力，用自然元素将现代设计理念与特产本身进行深度的融合，成为服务包装视觉的有力工具。

这些人文景观和自然景观，不仅给消费者带来一种新的视觉感受，也使得显性价值与隐性价值完美融合与展现。这些艺术形式为包装设计提供了丰富的"营养"，使地域性包装设计更具有浓郁的地方色彩和鲜明的视觉特征。

（3）竞争性

在商品经济快速发展的背景下，最明显的就是"竞争"二字。商品包装设计在面对竞争的时候，应以市场的具体环境为切入点，既要善于利用自身的优点，也要研究竞争对手的长处，做好包装设计的每一个细节。例如，在色彩设计、造型设计、文字设计，特别是图形设计要素上下狠功夫，只有这样，才能在超市货架这个没有硝烟的"战场"上脱颖而出，战胜对手。

包装设计的竞争性主要体现在视觉图形语言上，例如，图形设计的视觉冲击力、感染力、辨识度和记忆度等四个方面。要做到简单、清晰、明了，绝不啰唆、赘述。这是因为，在当下快节奏的生活中，不能期盼消费者像欣赏蒙娜丽莎那样，驻足细细品味包装上的图形设计。只有充分掌握和运用好图形设计的特点和规律，才能做到图形与消费群体之间和谐共生、相得益彰，建立起牢固的图形"防线"与"堡垒"，扩大市场份额，在竞争激烈的市场上，使消费者对包装图形形成独特的视觉印象，从而获取竞争优势。

（4）情趣性

在现代销售中，包装设计实际上也是一种小型广告设计，不仅仅只注重包装功能的诉求以及内容物的特定信息传达，还必须具有鲜明而独特的视觉图形符号。情趣性图形具有反常态化、富有情感色彩、出奇制胜的特性。它既可以使消费者接受并记忆信息时处于轻松愉快的状态，也可以使商品包装设计活泼可爱、幽默风趣、淳朴自然。

① 仿生图形：仿生设计的灵感来源于自然，是通过形态仿生、功能仿生、结构仿生、色彩仿生等造型手法，通过归纳、概括、提炼、抽象等艺术手段，抓住自然物典型的外部特征，转化为特定的图形语言，综合表现在包装设计之中，使之既具有自然形态的视觉感受，又有艺术审美特性。

② 卡通图形: 卡通图形是借用风格简练、幽默轻松的艺术语言宣扬情趣生活的图形样式。可采用拟人化手法来表达人情味,也可采用表情、动作、形体夸张手法使商品特征更加鲜明、典型且富有感情。设计师运用创造性思维,让情趣化包装设计以其理想中的形式美和情趣性图形表现形式展现在消费者面前,既满足了包装设计自身功能性、艺术性的要求,又满足了人们在情感和精神上的需求(图4-10)。

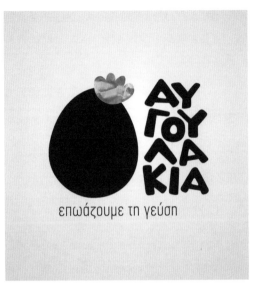

图4-10

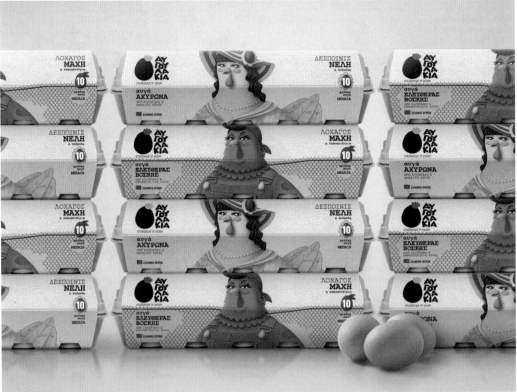

图4-10/2019年Pentawards大奖赛金奖/Avgoulakia鸡蛋包装设计/Antonia Skarkari Advertising公司/希腊

设计团队　艺术指导：安东尼奥·斯卡塔基（Antonia Skarkari）
　　　　　设计师、插画家：安德烈亚斯·德卡斯（Andreas Deskas）

设计洞察　人类食用鸡蛋已经有上千年的历史，如果你想以一种意想不到的方式品尝鸡蛋，则需要意想不到的包装……这就是安东尼奥·斯卡塔基广告公司为希腊佐拉斯农场（Zouras Farm）的蛋（Avgoulakia）品牌包装创建的设计理念，该创意理念是以一种现代而有趣的方式来传达品牌的独特性。精准的产品标志和一个与众不同的创新型网站，设计师希望通过全新的包装设计，让人们重新认识蛋品牌。

解决方案　步骤1：情趣性。好的包装总会吸引消费者的眼球，因为不同于其他同类产品的包装设计，所以从货架上脱颖而出，进而体现其个性化特征。这就是设计师们利用情趣性图形传达悠闲、无忧无虑品牌调性的原因。步骤2：讲故事。好品牌，最会讲故事，广为流传的品牌故事可以增强品牌的凝聚力。因此，设计师们用拟人化的表现手法，创建了蛋品牌故事中的男女主角，首席检察官（Alector the chief）和三位女性——散养的马埃上尉（Captain Machi）、能生出有机鸡蛋的可可夫人（Madame Coco），以及在谷仓里喂养的奈丽小姐（Miss Nelly）。此外，为了致敬希腊传统文化，三只母鸡的名字和服装都和希腊文化相关联。例如，马埃（马埃上尉，用于自由放养的鸡蛋），这个名字在希腊语中意味着"战役，战斗"。它穿着牛仔工装裤，戴着红色头巾，左臂上有文身，是希腊女性反抗者的典型象征。就这样，一个伟大的故事诞生了。步骤3：包装细节。鸡的王冠具有象征意义。千百年来，在世界各地，王冠都是权力的象征，甚至有人认为英国女王的头冠设计来源于"母鸡"的王冠。因此，蛋品牌需要自己的王冠。这些小细节创造了独特的情趣符号，也让品牌更具人情味，而从这种情趣中又可以看出品牌的高品质。步骤4：最终润色。关于鸡和蛋的哲学问题是"先有鸡还是先有蛋"。在这些包装中，小鸡们给出了答案。此外，包装完成使命后，五颜六色盒子里面的拼字游戏，还能给孩子们带来乐趣。

最终效果　目前，蛋品牌的新包装已经在希腊市场上销售，生动有趣的品牌形象吸引了众多消费者的目光，改变了人们日常购买鸡蛋时的体验，深受家庭主妇和孩子们的喜爱。拟人化的母鸡形象让产品有别于市面上的其他产品，也向消费者传达着高质量的信息。事实上，不同品牌鸡蛋的质量和味道基本没有区别，蛋品牌凭借情趣化的图形语言，从情感上拉近了与消费者的距离，为品牌注入了新的活力。

五、商品条码与包装设计

商品条码是实现商业现代化、商品数字化、智慧供应链的基础，是商品进入商场、超市、便利店，以及大型电商平台的入场券及必要条件。商品条码相当于商品"身份证"，也是商品在全球流通的"通行证"。它能使商品在世界各地被扫描识读，能使全球的商品和商品信息快速、高效、安全地传递（图4-11）。

商品条码作为商品的唯一身份标志，是一种利用光电扫描器读取并实现数据输入计算机的特殊代码，是包装设计上一种比较特殊的图形。包括零售商品、储运包装商品、物流单元、参与方位置等的代码与条码标志。

通常一个零售商品条码由"前缀部分+制造厂商代码+商品代码+校验码"13位数字组成。前缀码（二码或三码）是用来标识国家或地区的代码，69代表中国，可用的国家或地区代码有690~699，其中696~699尚未使用；制造厂商代码（中间四码或五码）由7~10位数字组成，中国物品编码中心赋予；商品代码（后五码）由2~5位数字组成，厂商根据商品条码编码规则自行分配；校验码（第十三码）由1位数字组成，用来检验左起第1~12位数字代码的正误。

图4-11/商品条码运行轨迹

图4-12/常见的商品条码（EAN-13）

1.商品条码的特点

商品条码由国际物品编码协会制定，通用于世界各地，是国际上使用最广泛的一种商品条码。我国使用的EAN（European Article Number，欧洲物品编码的缩写）商品条码系统分为EAN-13（标准版，图4-12）和EAN-8（缩短版）两种。

2.商品条码的类型

商品条码基本上分为两个类型：一是原印条码，它是指商品在生产阶段已印在包装上的商品条码，适合于批量生产的产品，它包括标准码和缩短码两种；二是店内条码，它是一种专供商店内印贴的条码，只能在店内使用，不能对外流通。

3.商品条码的设计与印刷

常见的条码是由反射率相差很大的黑白（或彩色）相间的条与空格及其对应代码排成宽度不等的平行线图形。

（1）商品条码的尺寸

条码标准尺寸是37.29mm×26.26mm，遇到特殊情况可适当缩放，放大倍率规定为0.8~2.0。当印刷面积允许时，应选择1.0倍率以上的条码，以满足识读要求。

小尺寸条码对印刷精度要求高，如不能满足高质量要求，会造成识读困难。此外，商品条码高度尺寸的减少，最多不得超过原标准高度的三分之一，切不可随意截取。

（2）商品条码的色彩设计

条码的颜色搭配是指条纹和空白之间的色彩明度反差。条码最安全的对比色为黑条与白空。设计人员可以遵循"条用深色，空用浅色"的原则进行设计。

例如，用白色、橙色、黄色等浅色作空；黑色、暗绿色、深棕色等深色作条。但不是任意色彩搭配都可以，红色、金色、淡黄色不宜作条，透明、金色不能作空。

（3）商品条码的印刷位置安排

因包装设计形式不同，商品条码的印刷位置也不同。首选的印刷位置依次是正面、背面和侧面。

① 兼具运输功能的大型包装：应印刷在底部，靠近四边的角落，尽量避免印在正中央。因大型包装物如果把条码印制在包装的任何一面的中间位置都不利于平台式扫描机的识别。

② 销售领域的包装：例如，纸质包装，条码必须与盒底的一条线平行，可印刷在包装背面或主要展示面的右侧面；罐装、瓶装的条码可以印刷在瓶颈和瓶腰部位，弧度不可超过30°，若

包装容器直径过小，应将条码转90°，按条码条的方向垂直于圆柱包装的母线放置；袋形包装应选用平坦部位，避开封口处并留出1.5cm以上的安全距离。

③ 吊牌、真空包装：首选的印刷位置是吊牌的背面。但有时为了减少印刷的成本大都印制在正面。

六、作业命题

1.济丰杯包装结构设计大赛

济丰杯包装结构设计大赛2010年开赛，至今已经举办了九届，赛事名称有三次调整。2010年（第一届）至2015年（第五届），济丰杯校园包装设计大赛；2016年（第六届）至2018年（第八届），济丰杯运输包装设计大赛；2019年（第九届），济丰杯包装结构设计大赛。

（1）大赛介绍

济丰杯包装结构设计大赛是一项全国性大学生包装结构设计比赛，自开赛以来，创造了学校、企业、机构紧密联系与互动的平台，发掘选手创新、革新的能力，引导未来的包装工程师以"创新、环保、适度、友好"的设计理念，服务现代物流行业的发展。

（2）设计宣言

创意仰望星空，应用脚踏实地（自2019年第九届开始）。

（3）组织机构

主办单位：国际济丰包装集团。

（4）参赛对象

全日制在校的包装工程专业或其他专业学生，个人或小组参赛形式均可。

（5）作品评审

作品初评，提交电子版文件。

公布入围名单，选手可以对入围作品进行修改、打样、试样等。

现场决赛，提交最终作品（电子版文件+实物样品），答辩完成作品展示。

2.获奖作品

北京印刷学院设计艺术学院，视觉传达设计专业，包装设计研究方向的学生和印刷与包装工程学院，包装工程专业学生自2013年开始参加，共荣获特等奖1项、特别奖1项、一等奖1项、二等奖2项、三等奖3项、金点子奖和异想天开奖3项、优秀奖和潜力奖6项（图4-13~图4-16）。

图4-13/2016年济丰杯包装结构设计大赛/三等奖/美妆电商集合运输包装（作者：王开厅、程浩伦/指导：廖大智）

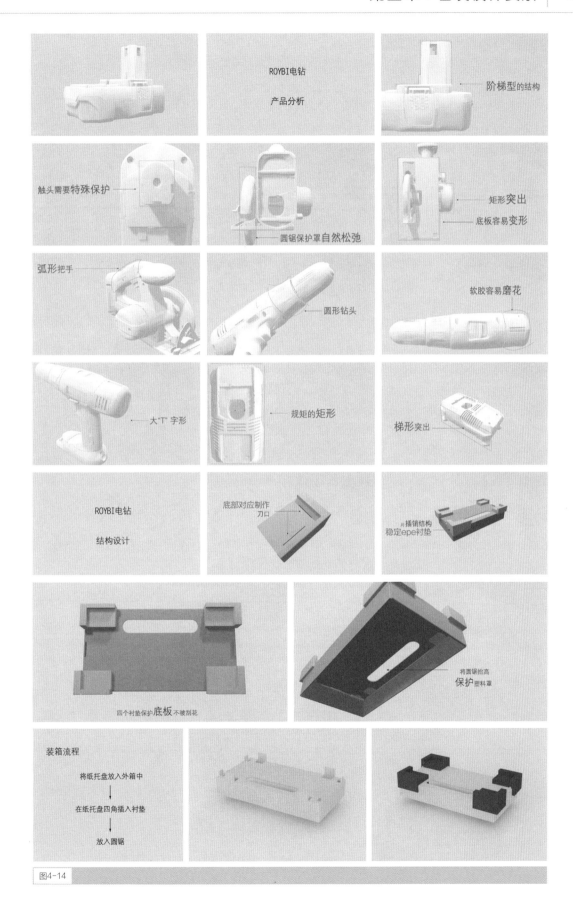

ROYBI电钻

产品分析

阶梯型的结构

触头需要特殊保护

圆锯保护罩自然松弛

矩形突出
底板容易变形

弧形把手

圆形钻头

软胶容易磨花

大"T"字形

规矩的矩形

梯形突出

ROYBI电钻

结构设计

底部对应制作
刀口

用插销结构
稳定epe衬垫

四个衬垫保护底板 不被刮到花

将圆锯抬高
保护塑料罩

装箱流程

将纸托盘放入外箱中

在纸托盘四角插入衬垫

放入圆锯

图4-14

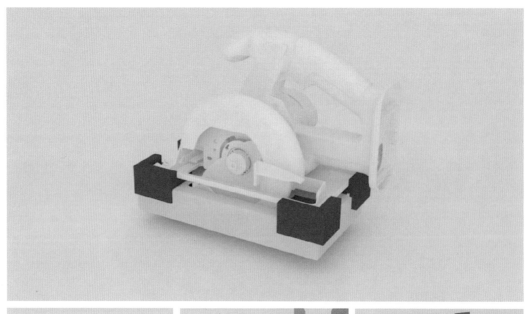

ROYBI电钻

结构设计

"U" 形刀口
固定圆锯尾部

攻门型
保护圆
锯突出

按压式锁扣

装箱流程

将纸卡内衬放入外箱中

将电池充电器内衬放入外箱

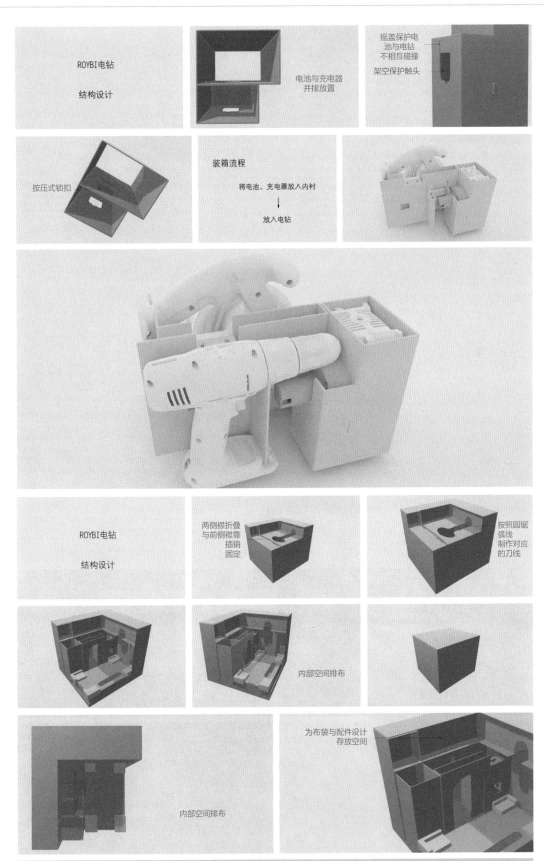

ROYBI电钻

结构设计

电池与充电器并排放置

摇盖保护电池与电钻不相互碰撞 架空保护触点

按压式锁扣

装箱流程

将电池、充电器放入内衬

↓

放入电钻

ROYBI电钻

结构设计

两侧襟折叠与前侧襟靠插销固定

按照圆锯弧线制作对应的刀线

内部空间排布

内部空间排布

为布袋与配件设计存放空间

图4-14

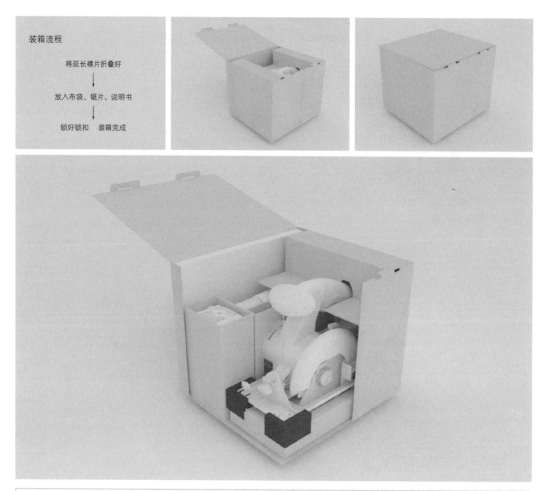

装箱流程

将延长襟片折叠好
↓
放入布袋、锯片、说明书
↓
锁好锁扣　装箱完成

图4-14/2019年济丰杯包装结构设计大赛/特等奖/ROYBI电钻圆锯运输销售包装方案（作者：池岩松、陈万峰/指导：廖大智、何喜忠）

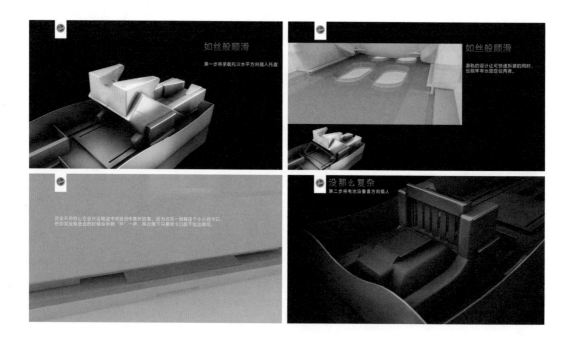

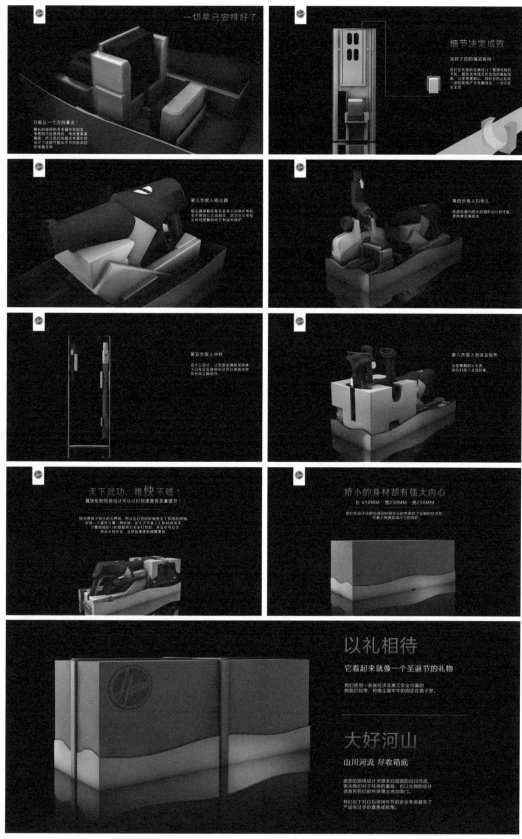

图4-15

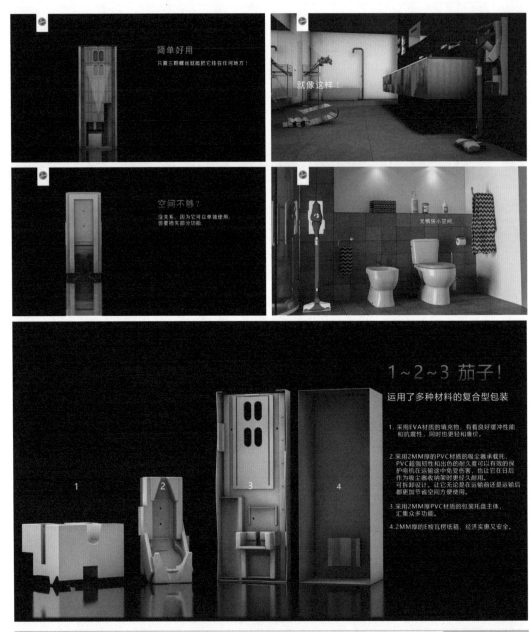

图4-15/2019年济丰杯包装结构设计大赛/二等奖/Hoover吸尘器两用包装（作者：武威、田欣/指导：廖大智、何喜忠）

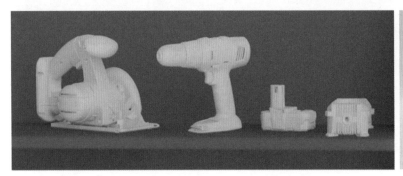

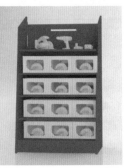

图4-16/2019年济丰杯包装结构设计大赛/二等奖/RYOBI 18V电钻+电锯销售展示运输包装（作者：孙嘉阳、张智鹏/指导：付亚波）

第五章 | 包装结构设计

　　包装设计是一个理性加感性的设计过程。如果一定要区分开哪些是感性、哪些是理性的话，我们可以将文字、色彩和图形等视觉要素称之为感性设计，而将包装结构设计称之为理性设计。包装设计初期，它是平面的，包装完成后，它是立体的，而这个立体，依靠的就是包装结构设计。因此，一个好的包装设计，不仅要有好看的图形、漂亮的色彩和符合商品属性的文字，以及具有形式美感的编排；支撑它"屹立"在消费者面前的结构，是最重要的一个关键点。所以，我们说包装结构、包装造型和装潢设计三者有机结合，才能充分地发挥包装设计的作用。现今，我国已成为仅次于美国的全球第二大包装大国，包装行业的主要产品包括：纸包装、塑料包装、金属包装、玻璃包装、包装机械。其中，纸包装是包装行业最重要的组成部分，在食品、药品、家用电器、文化用品等领域广泛应用。因此，我们在日常生活中，能看到复杂多样的纸质包装盒，它们兼具美观性与适用性，既能使商品更具吸引力，又有利于保证商品的完整性。但是，在高端纸包装领域未来还有很大的发展空间（图5-1）。

图5-1

图5-1/2013年亚洲之星包装设计奖/二合一葡萄包装设计/ Prompt设计工作室/泰国

设计团队　创意总监：索姆查纳·康瓦尼特（Somchana Kangwarnjit）
　　　　　结构设计：塔纳卡蒙·乌塞坦（Thanakamon Uthaitham）

设计洞察　该包装的灵感来自设计师在超市中发现许多坏掉的葡萄。葡萄是鲜食的水果，食用对人们的身体健康有好处。但是葡萄的果肉都比较柔软，一不小心就会被压坏，因此，从果园运输到商店的过程中会受到损害，导致消费者购买到的葡萄与农民提供的高品质葡萄不相匹配。

解决方案　二合一（Twin-One）新鲜葡萄的包装设计，是用瓦楞纸制成的六角形包装。通过别插形式，一纸成型，无需粘合的包装，不仅可以保护运输中的葡萄，打开包装后，既可以直接食用葡萄，还能转变成水果托盘。该托盘可以用在超市、商店货架上展示葡萄，也可以让消费者在家中使用。

最终效果　通过简单的折叠过程，这种创新而独特的包装可以很好地保护葡萄，让葡萄从农场到我们的餐桌上都一样新鲜可口。

包装结构设计是依据包装的基本功能和实际情况，从科学原理出发，采用不同的材料和成型方式，完成包装立体造型和包装样式设计。其包装方式侧重于技术性、物理性的使用效应，主要包括包装的外形结构和内部结构设计。选用不同质地的材料、不同结构的包装造型给人的感觉也是不同的。广义的包装结构设计包括：材料、工艺和包装容器。

本章我们主要讨论纸质结构的包装设计。一是纸质包装应用面广；二是纸具有多种优良特性，资源丰富、易回收，而且容易降解，是包装设计中首选的绿色包装材料。

一、纸包装材料类型

纸质包装材料主要应用在销售包装和运输包装中，因此，它们是以销售包装中的纸盒和运输包装中的纸箱呈现在我们面前。依据纸盒和纸箱的包装结构研究，主要的纸质包装材料基本上可分为纸张、纸板、瓦楞纸板三大类。其中，瓦楞纸板可以兼顾两种形式。

1.纸张

纸张：纸的总称。纸以张计，故称。纸张是用植物纤维制成的薄片，分为原料纸张和再生纸张。印刷纸张有两个标准：国际标准和国内标准。国际标准的纸张称之为大度纸，幅面尺寸为889mm×1194mm；国内标准称之为正度纸，幅面尺寸为787mm×1092mm。

（1）铜版纸

铜版纸又称单粉纸、单面涂布纸、丽光纸。①表面光滑，白度较高，纸张一面光、一面亚，只有光面可以印刷，定量为70~250g/m²。②对油墨吸收性与接收状态十分良好，可以实现各种颜色的印刷，对于颜色无限制，根据质量分为A、B、C三等。③印刷后常用的表面处理工艺有：过胶、过UV、烫印、击凸。

（2）双铜纸

双铜纸又称双面涂布纸。两面都具有很好的平滑度。①纸质均匀紧密，白度较高（85%以上），纸张两面光滑，定量为105~300g/m²。与单铜纸相比，单铜纸的挺度、硬度高于双铜纸；而双铜纸在光泽上优于单铜纸。②与单铜纸最大不同是它可以用于双面印刷。③印刷后常用的表面处理工艺有：过胶、过UV、烫印、击凸等。

（3）牛皮纸

坚韧耐水且价格实惠，具有很高的拉力，有单光、双光、条纹、无纹等。①通常呈黄褐色，半漂或全漂呈现不同的灰色甚至白色，分白牛皮和黄牛皮，定量为80~120g/m²。裂断长一般在6000m以上。②适合使用较醒目、鲜艳的油墨，亦可使用专用油墨，纸张分为U、A、B三个等级。③印刷后常用的表面处理工艺有：过胶、过UV、烫印、击凸等。

（4）特种纸

特种纸是产量比较小、纸质好、价格贵的纸张，是各种特殊用途纸或艺术纸的统称。①特种纸种类繁多，这里只说包装材料上用到的压纹纸、花纹纸、"凝采"珠光花纹纸、"星采"金属花纹纸、金纸、银纸等。②这些纸张经过特殊处理，可以提升包装的质感档次。③压纹压花类的都不能印刷，只能表面烫印、星采、

金纸、银纸等可以四色印刷，金纸、银纸可采用冰点雪花处理工艺。

2.纸板

纸板又称板纸。是由各种纸浆加工成的、纤维相互交织组成的厚纸页。纸与纸板是按照定量（指单位面积的重量，以g/m²表示）或厚度来区分。凡定量在250g/m²以下或厚度在0.1mm以下的称为纸，以上的称为纸板(有些产品定量虽达200~250g/m²，习惯仍称为纸，如白卡纸、绘图纸等)。

（1）白板纸

白板纸，纤维组织比较均匀，表面涂有一定的涂料，并经过多辊压光处理。①纸面洁白而平滑，具有较均匀的吸墨性，分灰底白和白底白两种板纸，定量在210~400g/m²。②具有较好的吸墨性，能获得完整、饱满、层次清晰丰富的图文印迹，体现出最佳的印刷质量和色彩效果。③印刷后常用的表面处理工艺有：过胶、过UV、烫印、击凸。

（2）白卡纸

白卡纸是一种质地较坚硬、薄而挺括的白色卡纸。①充分施胶的单层或多层结合的纸，两面都洁白、光滑，分黄芯和白芯两种，定量在150g/m²以上。②对白度要求很高，分为A、B、C三等：A等的白度不低于92%、B等不低于87%、C等不低于82%，白卡纸相对白板纸更高档。③印刷后常用的表面处理工艺有：过胶、过UV、烫印、击凸。

（3）荷兰板

荷兰板是灰板纸的统称。灰板纸最早是指源自荷兰，完全由再生纸制造而成的高级纸板。①因其背面为灰色，俗称灰板纸，坚硬平整，均匀度好，在任何气候下都能保持平整度，不易变形。②表面需裱一层单粉纸或者特种纸，主要规格为1~3mm厚。③裱的是铜版纸，则工艺

方面与之相同；若裱的是特种纸，大部分只能烫印，部分可以实现简单印刷，但印刷效果不佳。

3.瓦楞纸板

瓦楞纸板又称波纹纸板，最少由一张平顺的箱板纸板（又称箱纸板）与波浪形的芯纸夹层(俗称坑纸、瓦楞芯纸)裱合而成，轻便、牢固、成本低、易加工、易于回收处理。

1856年，英国人爱德华·希利（Edward Healy）和爱德华·艾伦（Edward Allen）兄弟申请了一种能让纸张打皱的工艺专利，将纸张压成波纹形状，作为高顶帽子的内衬，以使其更耐用、更舒适。

直到将近20年后，瓦楞纸箱才以我们今天所知道的方式来使用，由于高强度而具有吸收冲击振动的能力而被广泛用于保护商品。1871年，美国人阿尔伯特·琼斯（Albert Jones）率先使用瓦楞纸作为保护性包装。他用单面瓦楞纸包裹玻璃瓶和煤油灯罩。这种材料比纺织物能更好地保护它们，并且比用木屑填充箱子以减轻冲击来保护它们更卫生、更干净。

1874年，另一位美国人奥利弗·朗（Oliver Long）对琼斯的专利进行了改进，在瓦楞纸上增加了两张纸或内衬。这样既保持了纸张的柔韧性，又增强了纸张的阻尼性能，并且不会使波纹变形。瓦楞纸板正式诞生，但它的全部潜力尚未被开发出来。

1894年，亨利·诺里斯（Henry Norris）和罗伯特·汤普森（Robert Thompson）在美国生产了第一批瓦楞纸箱。一年后，出售给富国银行（Wells Fargo）用于运输。这些瓦楞纸箱不仅比传统的木箱便宜、轻巧，而且易于存放。尽管瓦楞纸箱有很多优势，但是并没有赢得富国银行运营商的信任，他们不相信箱子的强度和坚固性。最后，实践证明，瓦楞纸箱具有重量轻、用途广、成本低、耐久的特性而成为理想的包装材料。

1902年，瓦楞纸箱正式作为铁路运输包装箱。1914年，日本开始生产纸箱。1920年，双瓦楞纸板问世，其用途得以迅速扩大。今天瓦楞纸箱（图5-2）已经成为信任和可持续性的代名词。

①相对普通纸张更直挺，承重能力更强，分五种类型：A、B（运输包装）、C（啤酒箱）、E（单件包装箱）、F（微型瓦楞）。②常用的有三层瓦楞纸板（单坑）、五层瓦楞纸板（双坑）、七层瓦楞纸板（三坑）、十一层瓦楞纸板（五坑）。③可实现各种颜色的印刷，但效果不如单铜纸。④印刷后常用的表面处理工艺有：过胶、过UV、烫印、击凸。

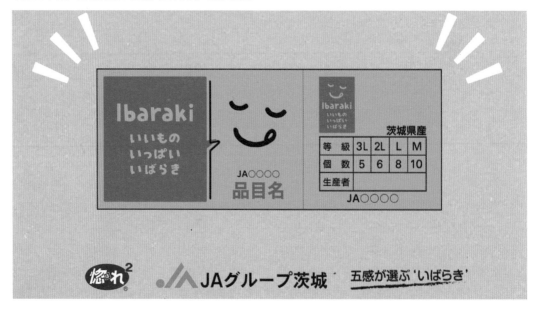

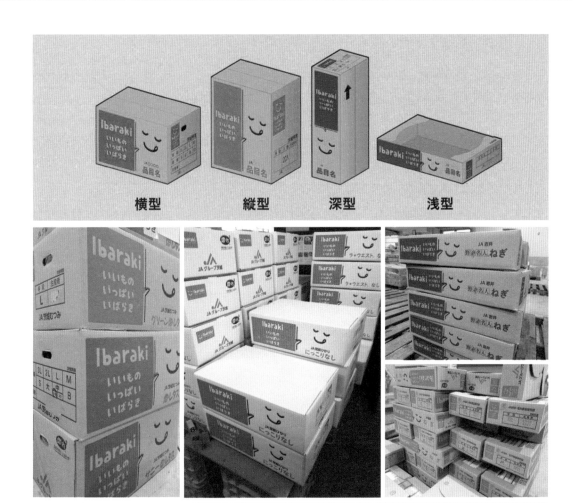

图5-2/2018年Pentawards大奖赛银奖/茨城县农产品运输瓦楞纸箱/Rengo联合包装集团/日本

设计团队　设计：泷本古里（Kori Takimoto），和田狩野（Karino Wada），矶部隆人（Ryuto Isobe）

设计洞察　位于日本茨城县的全国农业协同组合联合会总部，为扩大县内农产品的销售量，与Rengo联合包装集团农产品直销办事处和东京都市圈的大型零售商合作，开展"蔬菜日活动"，该活动在全国范围内同时进行。吃时令蔬菜，度过炎热的夏天，设计师们创新了农产品运输用的瓦楞纸箱，在农业产量方面打造了日本第二大农业县的品牌形象。

解决方案　基于"让你微笑的农业"概念，设计师们在瓦楞纸箱的设计上采用了简单而亲切的设计语言。希望无论是消费者还是生产者，无论男女老少，都能微笑着面对农业。①直接用茨城县（Ibaraki）地名设计的标志，让人第一眼就能知道这是来自茨城县的产品。②"茨城县到处都是好东西"的宣传口号，传递出茨城县农业产值居全国第二位，还是距离都市最近的农场。③手绘风格的插图体现了亲近感。另外，大面积的留白，会给人一种清爽、干净的感觉，同时，也易于人们看到微笑标记并留下深刻的印象。④与微笑标志一样，手绘风格的黑色线条，在边界线上刻意留出间隙和偏差，营造出休闲感和亲切感，而不是印刷错误。

最终效果　随着分销渠道的多样化和消费者生活方式的改变，18年来茨城县首次对用于运输农产品的纸箱进行了整体形象设计，提升了茨城县农产品的品牌形象和品牌文化。同时，为了适应不同农产品的需求，设计师们为茨城县农产品运输纸箱设计了四种不同规格：横型、纵型、深型和浅型。此次设计执行使农场的收入稳步提高，同时也保证农产品能够简单和快捷地进入销售渠道。

二、纸盒分类

纸盒包装作为商品的一种外在展现形式，是国内外包装中使用最多、最广泛的销售包装形式。在整个印刷包装行业中，纸盒的样式最为复杂多样，因其材质、特性、结构、形状、用途、包装对象和工艺不同，纸盒分类的方式也各不相同。

●按纸盒加工方式来分，有手工纸盒和机制纸盒。

●按制盒材料特征来分，有平纸板盒、全粘合纸板盒、细瓦楞纸板盒、复合材料纸盒。

●按用纸定量来分，有薄板纸盒、厚板纸盒和瓦楞纸盒。

●按纸盒形状来分，有长方形、正方形、多边形、圆形和异形纸盒。

●按包装对象来分，有食品、药品、化妆品、日用百货、文化用品和仪器仪表包装纸盒。

●按包装用途来分，有软包装和硬包装。

虽然纸盒的分类方法有很多，但最常用的方法是按照纸盒成品结构特征来分类，即根据纸盒成型后是否可以折叠来进行分类。有折叠纸盒和固定纸盒两大类。

1.折叠纸盒

折叠纸盒，即成品可折叠压放。因其占用空间小、便于运输，是应用最为广泛、结构变化最多的一种销售包装。折叠纸盒是较薄但有韧性的纸板，经印刷、模切和压痕后，主要通过折叠组合的方式成型的纸盒。

（1）特点

①纸板厚度一般在0.3~1.1mm之间，因为小于0.3mm的纸板其刚性和挺度不足，大于1.1mm的纸板一般折叠纸盒加工设备上难以获得满意的压痕。②空置纸盒可以折叠成平板状进行堆码和运输储存，打开即成盒。

（2）优点

①成本低，加工工序简单、易操作。②流通

费用低，能配合运输、堆码的机械设备。③适合于大规模批量生产，可在自动包装机上完成打并、成形、装填、封口等工序。④结构变化多，通过排刀、模切、压痕、折叠、粘合等工序较容易把纸板加工成所需要的各种形状的纸盒。⑤便于销售和陈列，适用于各种印刷方法，并且具有良好的展示效果。⑥使用无菌密封方法或进行冷冻保鲜包装，可使食品不受腐蚀、不变质。

（3）材料

①可选用200~350g/m²的白纸板、灰纸板、特种纸板、铜版纸、牛皮纸及其他涂布纸板等耐折纸箱板。②彩色瓦楞纸板一般使用楞数较密、楞高较低的D型或E型瓦楞纸板，俗称小瓦楞纸板。

2.固定纸盒

固定纸盒又称硬纸纸盒、厚纸纸盒。是使用贴面材料和基材纸板，根据一定盒型设计方案，进行压线、切片后，通过扁钉或粘贴裱合方式制成的纸盒，故也称为"粘贴纸盒"。这种纸盒由于成型后其形状就固定了，即使在未装物品时，也不能折成平板状，所以会浪费储运空间，致使自身成本、储运费用都比较高。

（1）特点

材料选择范围大，制作工艺可以粗糙，也可十分精细。既可以是成本较低的初级包装，又可以是工艺精湛的礼品包装。

（2）优点

①可选用多种贴面材料，如纸、布、丝织品、皮革、塑料甚至毛纺织物等。②在储存和运输的过程中都不变更它固有的形状和尺寸，所以，与折叠纸盒相比有较高的强度、刚性，抗冲击性和保护性好。③因大部分工序采用手工操作，适合小批量生产。④根据贴面纸的特性，可以采用烫印、击凸等表面处理工艺，因此，可以制作成各种精美的盒型，具有良好的展示促销功能。⑤适用面较广，全粘合纸板盒适合包装一些小而重的商品，既可以做运输包装，也可以做销售包装。

（3）材料

①基础材料：非耐折纸板，一般使用1~1.3mm的纸板。②贴面材料：根据部位的不同有不同的选择。内衬常用白纸、塑料等；外部用铜版纸、腊光纸、彩色纸、仿革纸、布和绢等。

三、纸盒结构设计

依据包装结构的功能性，纸盒包装可以分为保护性结构、应用性结构和装饰性结构等三类功能性结构。

不同种类和式样的纸盒包装，其差别在于结构形式、开口方式和封口方法。常见的单纸盒包装按照包装开启面与其他面的比例关系，开启面较小的，称为管式包装盒；开启面较大的，称为盘式包装盒。

1.纸盒包装的基础知识

包装设计专业和包装工程专业不一样，包装结构图对于学习包装设计专业的学生来说，并不是一件容易做到的事情，因为大家对于文字、色彩和图形更拿手，但是学习包装设计的学生也要了解纸盒的基本尺寸要求、各种折叠线的分类和共用，以及纸盒各部位的名称，完成好纸盒包装的结构设计工作。

（1）六面体包装平面展开图

纸盒成型是一个从平面到立体的过程，包装的各围合面在同一个平面上按序展开，称为包装的展开图（包装模刀模切设计图）。为了进行包装的印刷与制作，我们会以展开图方式进行包装的平面设计。印前的展开图设计和制作，其电子文件通常要在尺寸、分辨率（印刷最低要求为300dpi）、色彩模式（CMYK四色印刷）和文件格式（矢量格式，cdr或者ai）等方面达到印刷制版要求，才可能取得合格的印刷效果。六面体包装平面展开图是最基本的包装结构图，可以毫不夸张地说，任何异形纸盒的基础

均来自六面体结构图（图5-3）。

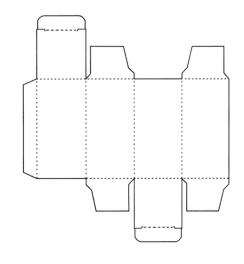

图5-3/六面体包装平面展开图

（2）纸盒的尺寸

纸盒的尺寸包括：成品尺寸、出血尺寸与印刷尺寸。

包装的成品尺寸指经过模切后成型包装的净尺寸。主要是依据商品实际尺寸，完成全部设计生产过程，可供销售的商品包装的实际的尺寸。出血范围：印刷术语"出血位"又称"出穴位"。主要作用是包装印张在印后工序的裁切时不损失有效画面和信息，而在制版和印刷时，将画面各边的图形色彩进行扩展并超出成品尺寸3mm或5mm。这扩展出来的3mm或5mm范围是出血范围，印前制作时用"出血线"进行标注（注意：一般情况下，书籍设计的出血尺寸均设定为3mm，包装设计的出血则要根据纸张的厚度，在3mm基础数值上适当增加）。出血范围和成品范围尺寸之和就是包装的出血尺寸。设计方案时，为了直观观察包装各面的效果，我们通常采用成品尺寸作为包装展开图的设计尺寸，但要适当预见印前制作的需要；而在印前制作中，则一定要使用出血尺寸进行制作（图5-4、图5-5）。

（3）不同图线型式图

绘制纸箱（盒）时，应优先采用下图中规定的图线，并且同一图样中同类图线的宽度应基本一致，内折线、外折线、间断线的线段长度和间隔应各自大致相等（图5-6）。

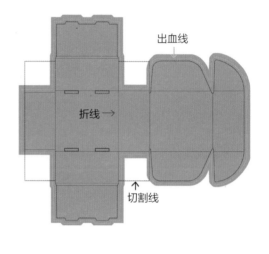

图5-5/折线、切割线、出血线

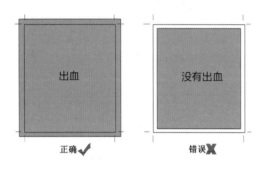

图5-4/出血图与未出血图对比

名称	图线型式	图线意义	横切刀型	应用范围
单实线		轮廓线 裁切线	横切刀 横切刀尖齿刀	1.纸箱(盒)立体轮廓可视线 2.纸箱(盒)坯切断
双实线		开槽线	开槽刀	区域开槽切断
单虚线	- - - - - - - - -	内折线	开槽刀	1.大区域内折压痕 2.小区域内对折压痕 3.作业压痕线
点划线	—·—·—·—·—	外折线	压痕刀	1.大区域外折压痕 2.小区域内对折压痕
三点点划线	—···—···—	向内侧切痕线	横切压痕组合刀	1.大区域内对折间歇切断压痕 2.预成型类纸盒(箱)作业压痕线
两点点划线	—··—··—	向外侧切痕线	横切压痕组合刀	大区域外折见血切断压痕
双虚线	··············	对折线	压痕刀	大区域对折压痕
波纹线	～～～～～	软边裁切线 瓦楞纸板 剖面线	波纹刀 波纹刀	1.盒盖插入襟片边缘波纹切断 2.盒盖装饰波纹切断 3.瓦楞纸板纵切剖面
点虚线	··················	打孔线	针齿刀	方便开启结构
波浪线	⌐⌐⌐⌐⌐⌐	撕裂打孔线	拉链刀	方便开启结构

图5-6/不同图线型式图

2.管式折叠纸盒的结构

管式折叠纸盒是主要的折叠纸盒种类之一，在日常包装形态中最为常见，例如食品、药品、玩具、日常用品等都采用这种包装结构方式。下面先来看一下管式折叠纸盒各部分结构名称（图5-7）。

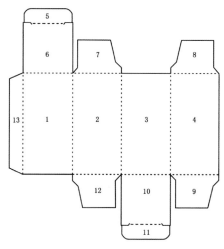

1—板1；2—板2；3—板3；4—板4；5—盖插舌；6—盖板；
7—防尘翼1；8—防尘翼2；9—防尘翼3；10—底板；
11—底插舌；12—防尘翼4；13—糊头

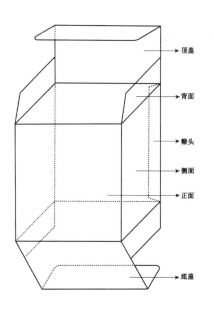

图5-7/管式折叠纸盒各部分结构名称

（1）定义

管式折叠纸盒是指由一页纸板折叠构成（大都为单体结构），在纸盒成型过程中，其边缝接头通过粘合或钉合，而盒盖和盒底都需要通过摇翼折叠组装、锁或粘接来固定和封口的纸盒。

（2）结构特点

节省纸板，盒身侧面比较简单，结构变化多发生在盒盖和盒底的摇翼组装方式上。

纸盒基本形态为四边形，封口不同。根据基本结构可设计出许多别具一格的纸盒造型，但仅限于小型轻量商品。

（3）盒盖的结构形式

盒盖是装入商品的入口，也是消费者拿取商品的出口，所以在结构设计上要求组装简便和开启方便，既保护商品，又能满足特定包装的开启要求。管式包装盒盒盖的结构主要有插入式、插卡式、锁口式、插锁式等形式。

① 插入式：

●反向插入式。反向插入结构也称末端开口盒，是管式折叠纸盒的鼻祖，也是最原始的一种盒型，国际标准名称为"Reverse Tuck End"，简称R.T.E，盒盖有一段5mm左右的肩，纸盒组成后此肩能产生摩擦效果，方便纸盒多次开合使用（图5-8）。

●笔直插入式。笔直插入结构是在盒的端部设有一个主摇盖和两个副摇翼，主摇盖有延伸出的插舌，封盖时插入盒体，可以通过摩擦安全闭合。国际标准名称为"Straight Tuck End"，简称S.T.E，非常适合在主展面展示商品，能作开窗处理，有直插式和飞机式两种（图5-9、图5-10）。

② 插卡式：插卡结构是在插入式摇盖的基础上，在主摇盖插入接头折痕的两端开一个

槽口，使主摇盖插入后不能自动打开。卡扣结构（咬合关系）的作用是内装物装填后盒盖不易自开，同时又便于机械化包装。有隙孔、曲孔和槽口三种（图5-11~图5-14）。

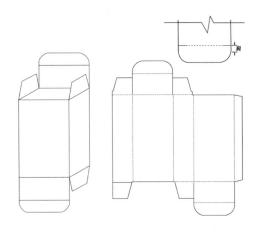

图5-8/反向插入式结构

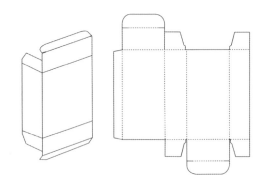

图5-11/隙孔插卡式结构

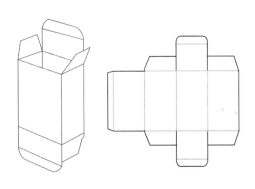

图5-9/笔直插入式——直插式结构

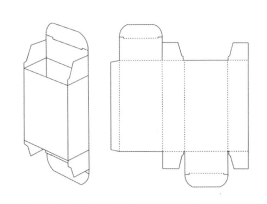

图5-12/曲孔插卡式结构

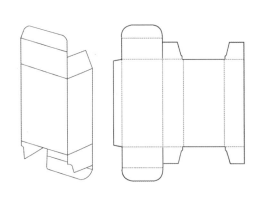

图5-10/笔直插入式——飞机式结构

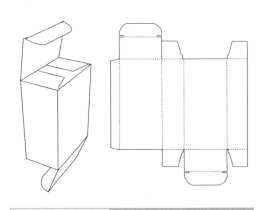

图5-13/槽口插卡式结构

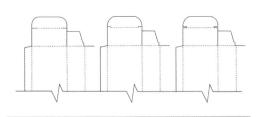

图5-14/插卡式盒盖三种卡扣结构

③ 锁口式：锁口结构是在左右相对的两个副摇翼或正背相对的摇盖上分别设计有各种形式的插口和插舌，它们相互产生插接锁合，使封口不能自动打开，但组装与开启稍有些麻烦（图5-15）。

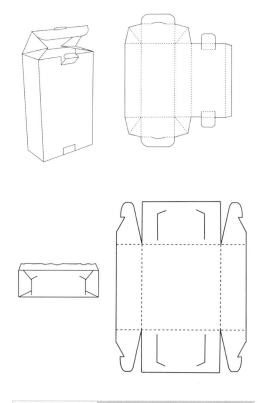

图5-16/插锁式结构

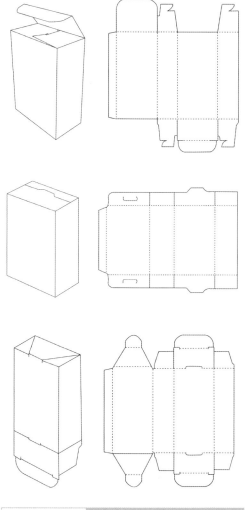

图5-15/锁口式结构

④ 插锁式：插锁结构是插入式和锁口式相结合的一种盒盖结构。如果同时在插入式盒盖的盖板与左右摇翼之间进行锁合设计，其保护性更好，牢固可靠，不易自开（图5-16）。

⑤ 粘合封口式：粘合封口式盒盖是将盒盖的主盖板与其余三块襟片粘合。这种粘合的方法密封性好，适合高速全自动包装机生产，开启方便，但不能重复开启。有两种粘合方式：双条涂胶和单条涂胶（图5-17）。

⑥ 拉链封口式：拉链封口式盒盖属于一次性防伪式结构。这种包装结构形式的特点是利用齿状裁切线，盒盖开启后不能恢复原状，确保不会出现有人再利用包装进行仿冒活动（图5-18）。

⑦ 正揿封口式：正揿封口式是利用纸张的耐折和韧性强的特征，在纸盒盒体上进行折线或弧线的压痕，揿下盖板就可以实现封口。该结构组装、开启、使用都极为方便，节省纸张（图5-19）。

⑧ 花型锁封口式：花型锁封口式也称连续摇翼窝进式。这种特殊锁合方式，是通过连续

顺次折叠盒盖盖片组成造型优美的图案，包装结构方式花型装饰性强，但手工组装和开启稍显麻烦（图5-20）。

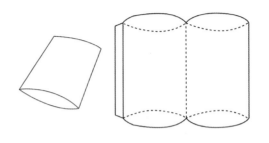

图5-19/正掀封口式结构

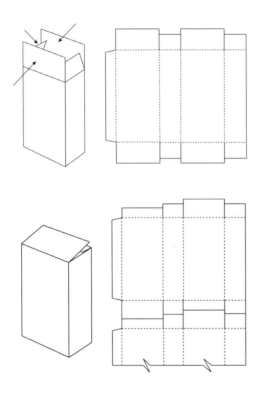

图5-17/粘合封口式结构

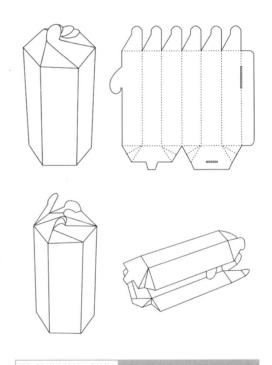

图5-20/花型锁封口式结构

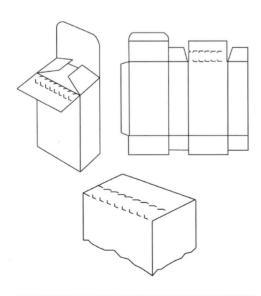

图5-18/拉链封口式结构

（4）盒底的结构形式

盒底承受着商品的重量，因此强调牢固性。另外在装填商品时，无论是机器装填还是手工装填，结构简单和组装方便是基本的要求。管式纸盒包装的盒底主要有插口封底式、别插锁扣式、自动锁合式和间壁式四种。

① 插口封底式盒底：是插入式盒底、插卡式盒底、插锁式盒底的统称。

② 别插锁扣式盒底: 别插锁扣式盒底结构的英文名称为 "Snap-Lock Bottom", 一般通称其为 "1.2.3底", 意思是该盒底的锁合分1、2、3步。易于存储, 顶部装载, 底部分别设计有插口和插舌, 需要手动将插舌插入相应的插口。是非常适合放在货架或柜台上的展示盒。适于大批量生产, 是最经济的解决方案。摇翼间能产生摩擦效果使之更安全地闭合(图5-21)。

③ 自动锁合式盒底: 自动锁合式盒底, 英文名称为 "Auto-Lock Bottom", 将底部设计成互相折插咬合的结构进行锁底。坚固, 易于组装, 可平放, 打开包装后, 底部会自动锁定成封合状态, 底部需要胶合, 可容纳较重的物品。摇翼间能产生摩擦效果使之更安全地闭合(图5-22)。

④ 间壁式盒底: 间壁式盒底结构是将盒底的四个摇翼设计成具有间壁功能的结构, 组装后在盒体内部会形成间壁, 从而有效地分隔、固定商品, 起到良好的保护作用。其间壁与盒身为一体, 可有效节省成本, 而且这种包装盒结构抗压强度较高(图5-23)。

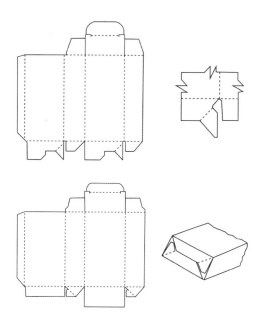

图5-22/自动锁合式结构

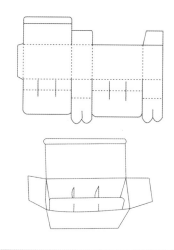

图5-23/间壁式结构

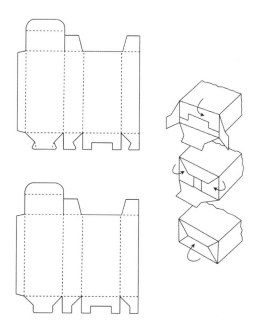

图5-21/别插锁扣式结构

3.盘式折叠纸盒的结构

盘式折叠纸盒的盒底承受着商品的重量, 因此强调牢固性。另外在装填商品时, 无论是机器装填还是手工装填, 结构简单和组装方便都是基本的要求。下面先来看一下盘式折叠纸盒各部分结构名称(图5-24)。

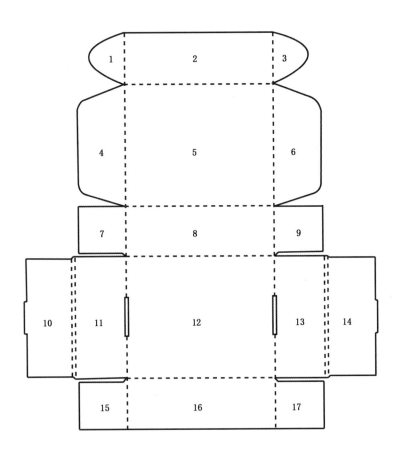

1—插舌1；2—前体板盖面；3—插舌2；4—防尘襟片1；5—顶面；6—防尘襟片2；7—粘合襟片1；

8—后体板；9—粘合襟片2；10—防尘襟片3；11—侧体板1；12—盒底；13—侧体板2；

14—防尘襟片4；15—粘合襟片3；16—前体板；17—粘合襟片4

图5-24/盘式折叠纸盒各部分结构名称

（1）定义

盘式折叠纸盒是指盒底和盒盖所在的侧板是盒体各个侧板中面积最大的侧板，因此，开启后观察内装物的可视面积也大。主要由盒底、主侧板、副翼和盖等组成。

（2）特点

盒形由一页纸板成型，周边主侧板以直角或斜角折叠，或在角隅处进行锁合、插接、粘合而成型的纸盒结构。其立面高度要小于纸盒的长宽，而盒底负载面积较大，通常没有结构变化，主要结构变化在盒体位置。一般的盘式纸盒成型后可随时还原为平面展开结构。纸盒用于鞋帽、服装、食品和礼品等商品的包装。以天地盖形式出现较多，故又称天地盖盒。

（3）成型方法

盘式折叠纸盒是依靠各种结构将各个体板通过一定的组构形式连接组合完成的，其主要使用成型方法有：对折成型、别插成型、锁合成型、粘合成型等。

① 对折成型结构特点为可辅以锁合或粘合,成型方式有:盒端对折组装;非粘合式蹼角(同时连接端板与侧板的襟片)与盒端对折组装,侧板与侧内板粘合。

② 别插成型结构特点为没有粘接和锁合,使用简便,是盘式折叠纸盒中应用较多的结构类型(图5-25)。

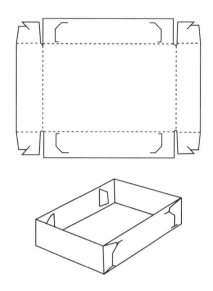

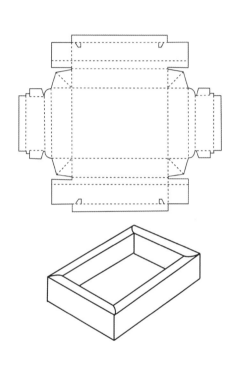

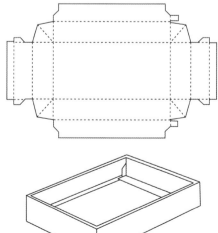

图5-25/别插成型结构

③ 锁合成型结构特点为通过锁合使结构更加牢固。因锁口位置的不同,锁合襟片结构的切口、插入与连接方式也不相同,一般情况下有以下几种方式:

●侧板与端板锁合。

●侧板与锁合襟片锁合(侧板襟片)。

●锁合襟片与锁合襟片锁合。

●两盖板中央切口互相锁合。

●底板与侧边板襟片锁合。

●内侧板与内端板锁合。

●盖板插入襟片与前板锁合。

④ 粘合成型结构特点为通过局部的预粘,使组装更为简便。有以下几种方式:

●蹼角粘合,盒角不切断形成蹼角连接,采用平分角将连接侧板和端板的蹼角分为全等两部分予以粘合。

●襟片粘合, 侧板(前、后板)襟片与端板
粘合, 端板襟片与侧板(前、后板)粘合。

●内外板粘合, 是侧内板与侧板粘合。

(4)结构形式

① 罩盖式: 罩盖式又名天地盖式。是由盒
盖和盒体两个独立的盘型结构相互罩盖而组
成, 都是敞开式结构, 盒盖要比盒体的外尺寸大
一些, 以保证盒盖能顺利地罩盖在盒体上。有三
种典型的罩盖盒结构(图5-26)。

●天罩地式: 盒盖较深, 其高度基本等于
盒体高度, 封盖后盒盖几乎把盒体全部罩起
来。例如糕点盒等。

●帽盖式: 盒盖较浅, 高度小于盒体高度,
一般只罩住盒体上口部位。例如鞋盒等。

●对扣盖式: 盒体口缘带有止口, 盒盖在止
口处与盒体对口, 外表面齐平, 盒全高等于盒体
止口高度与盒盖高度之和。例如礼品盒等。

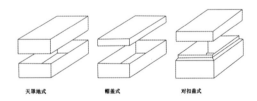

天罩地式   帽盖式   对扣盖式

图5-26/典型的罩盖盒结构

② 摇盖式: 在纸盒侧板基础上延伸其中一
边而成的铰链式摇盖, 盒盖长、宽尺寸大于盒
体, 高度尺寸等于或小于盒体, 其结构特征较
类似管式纸盒的摇盖(插入摇盖、插锁摇盖)。
分单摇盖和双摇盖两种(图5-27)。

③ 锁口式: 类似锁底式管式折叠纸盒的盒
底结构, 设计方法也一样。

④ 连续插别式: 插别方式较类似管式折叠
纸盒的连续摇翼窝进式盒盖。

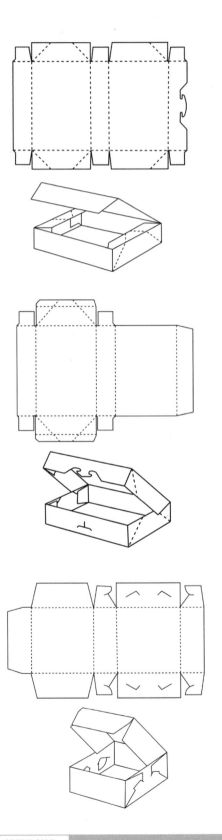

图5-27/摇盖式结构

⑤ 抽屉式: 盒盖为管式成型, 盒体为盘式成型, 由这两个独立部分组成。因其有抽拉抽屉的感受, 故而得名(图5-28)。

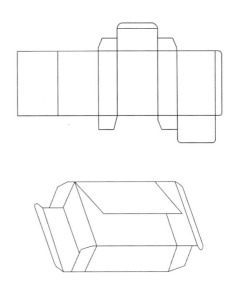

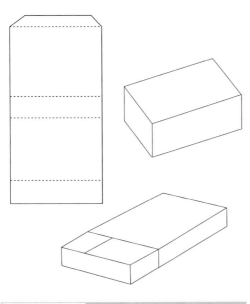

图5-28/抽屉式结构

⑥ 书本式: 开启方式类似于精装图书, 摇盖通常没有插接咬合, 而通过附件来固定。也因其有翻阅书籍的感受, 故而得名(图5-29)。

图5-29/书本式结构

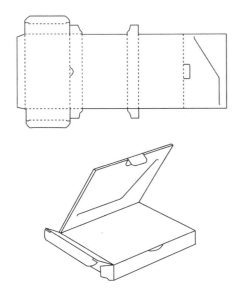

四、作业命题

1.全国大学生包装结构创新设计大赛

该赛事自2010年开赛至今, 赛事名称和指导单位都有改变。2010年, 全国大学生包装结构设计大赛, 由教育部高等教育包装教学分指导委员会主办; 2012年起每年会有一个企业加入赛事冠名, 搭建了学校、企业、机构紧密联系与互动的平台; 2015年, 由教育部高等学校轻工类专业教学指导委员会包装工程专业指导组主办; 2017年, 全国大学生包装结构创新设计大赛; 2019年, 由教育部轻工类专业教学指导委员会主办。

（1）大赛介绍

全国大学生包装结构创新设计大赛是一项由教育部轻工类专业教学指导委员会主办的, 面向全国普通高等学校包装类专业在校大学生的全国性学科竞赛活动。旨在为包装设计领域培育和发现人才, 挖掘新的包装创意和新作品,服务包装行业发展。大赛与教学相结合，通过调研分析，了解受众需求，进行创新包装结构设计，为高校学生提供一个展示自我的舞台，打造属于高校包装人自己的赛事！

大赛以培养大学生"创新结构设计能力"为目标，以发现人才、培养人才为宗旨，面向全国普通高等学校包装类专业在校大学生，结合参赛作品，激发学生的创新设计灵感，培养学生的创新创意素质和包装设计能力。

（2）参赛作品设计要求

① 作品具有较强的创新内涵。

② 作品突出结构、功能与艺术等创新，凸显价值理念。

③ 作品从造型设计、环保性能、成本优化等方面体现大赛主题。

④ 充分考虑材料运用及功能结构合理，考虑批量生产制造可行性。

⑤ 体现创意包装、智慧包装以及注重消费体验的发展方向。

2.获奖作品

北京印刷学院设计艺术学院的视觉传达设计系教学团队，带领视觉传达设计专业包装设计方向的学生和印刷与包装工程学院包装工程专业学生，自2010年起参加全国大学生包装结构创新设计大赛，获得多个奖项，其中特等奖1个、一等奖6个、二等奖10个、三等奖29个、优秀奖19个（图5-30~图5-34）。

图5-30/2010年全国大学生包装结构创新设计大赛/一等奖/VODKA酒包装设计——触手可及（作者：李化帅/指导：刘秀伟）

图5-31/2012年全国大学生包装结构创新设计大赛/一等奖/p++民俗工艺品包装（作者：王艺钢、迟昊、高雅/指导：傅钢）

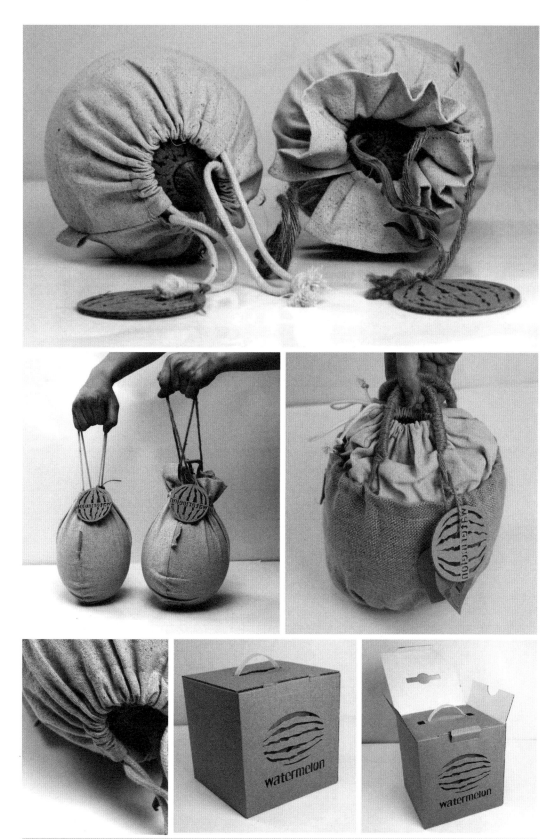

图5-32

图5-32/2012年全国大学生包装结构创新设计大赛/二等奖/西瓜的创新环保包装（作者：高雅、周寒松/指导：傅钢）

图5-33/2013年全国大学生包装结构创新设计大赛/特等奖/竹叶青包装设计（作者：黄东放/指导：傅钢）

图5-34/2014年全国大学生包装结构创新设计大赛/一等奖/不一样的牛肉风味——"牛大叔"牛巴（作者：吴艳/指导：傅钢）